U0308751

12个小地方的人类学饮食笔记

时光的甬道

洪震宇 著

中央广播电视大学出版社
·北京·

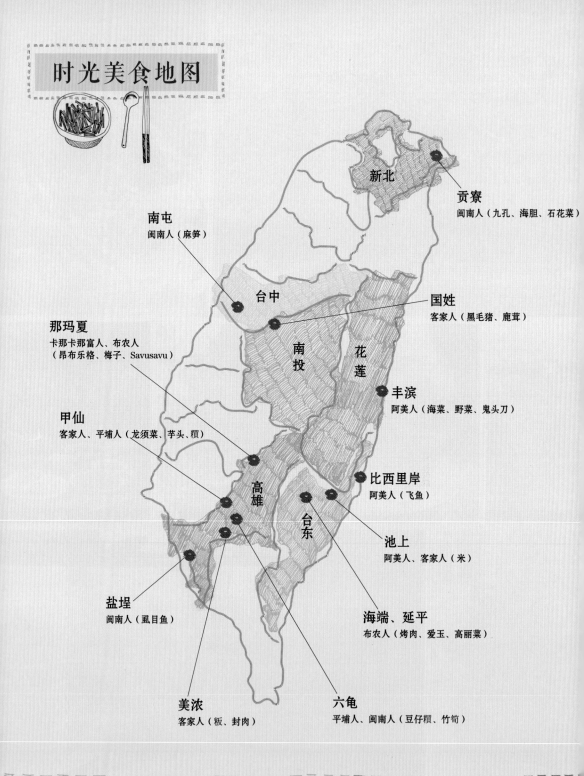

时光美食地图

新北

贡寮
闽南人（九孔、海胆、石花菜）

南屯
闽南人（麻笋）

台中

国姓
客家人（黑毛猪、鹿茸）

那玛夏
卡那卡那富人、布农人
（昂布乐格、梅子、Savusavu）

南投

花莲

丰滨
阿美人（海菜、野菜、鬼头刀）

甲仙
客家人、平埔人（龙须菜、芋头、糯）

高雄

比西里岸
阿美人（飞鱼）

台东

池上
阿美人、客家人（米）

盐埕
闽南人（虱目鱼）

海端、延平
布农人（烤肉、爱玉、高丽菜）

美浓
客家人（粄、封肉）

六龟
平埔人、闽南人（豆仔糯、竹笋）

目　录

推荐序　穿越时空的寻根之旅　　*1*

自序　芝麻开门　　*4*

与山海节气共存——丰滨人的餐桌故事　　*9*

飞鱼与羊的热带忧郁——比西里岸人的餐桌故事　　*33*

永远的梦土——池上人的餐桌故事　　*53*

骄傲的内本鹿之歌——海端与延平人的餐桌故事　　*73*

日常的美好"食"光——盐埕人的餐桌故事　　*97*

原乡家之味——美浓人的餐桌故事　　*119*

波澜壮阔的小桃源——六龟人的餐桌故事　143

移民乡愁与平埔滋味——甲仙人的餐桌故事　163

重新为河而生——那玛夏人的餐桌故事　189

神仙黑猪·自在家宴——国姓人的餐桌故事　213

麻笋苦香迎夏天——南屯人的餐桌故事　235

三貂湾的海之味——贡寮人的餐桌故事　251

推荐序

穿越时空的寻根之旅

"民以食为天",古话说出了人们为什么总是惦记着吃。贫困的时候,我们渴望吃;富足了之后,我们讲究吃。吃,已经扎根在我们民族文化的深处。面对新的世界,我们咂摸、尝试、咀嚼、回味……这是把和吃有关的词汇都代入了日常生活中。

美国心理学家亚伯拉罕·马斯洛1943年就在《人类激励理论》一文中提出人类需求五层次,依次是:生理需求、安全需求、社交需求、尊重需求和自我实现需求,而生理需求是第一层次,级别最低、最具优势,食物、饮料就属于其中。可是在长期的社会生活中,我们,尤其是中国人,成功地把最低层次的吃延展到了更高层次:廪有实心才不慌,才能保证基本的人身安全、财产所有性、生活稳定、健康保障乃至抵御疾病威胁(安全需求);吃也是现代社会交往的主要甚至必要一环,我们常称之为"局"(社交需求)。上什么样的桌子,请什么样的客人,组什么样的局,也是人们获得自我认可的重要方式。

无独有偶,著名的精神病学家、精神分析学说创始人弗洛伊德也把人格发展过程分为五阶段:口腔期、肛门期、性器期、潜伏期与生殖期。口腔期的主要来源就是口唇之欲。这一影响人格形成的元素,也必然影响着人们一生的行为模式。因此,我们谈论吃,不只是有理由的,而且是极为必要的。这也是近年来国内美食书不断涌现的心理成因。

须叔看过的美食书不少,拿到这本台湾作家的《时光的甬道:12个小地方的人类学饮食笔记》，感觉似乎也是走了美食书的老套路。然而翻开这本书却让我颇为意外。

作者的身份是人类学家，这导致这本书不是一本直接描写一道道美食的"食谱"，也不是通过美食表达日常生活情绪的心情笔记，而是真真正正以人类学考据的态度研究台湾民俗的饮食之道。美浓客家人是不是真的只吃粄条、猪脚与姜丝大肠？布农人如何从海拔2000米的故土迁徙到不到300米的都兰山并适应发展出新的食材和烹饪习惯？汉族人在和原住民的混居过程中又诞生了什么奇异的饮食……凡此种种，都不是普通美食书能涵盖的，更像是在看饮食版的历史著作。

作者洪震宇是一位真正的人文学者，博学多闻，历史掌故和文学篇章信手拈来。比如写到阿美人采集野菜维生，提到《诗经》三百首里就有四十多篇是在讴歌采野菜的生活与心情，全书提到的可食用的野菜足有二十多种。记录在石梯坪吃水芹菜，形容其姿态丰美好吃，还引用《诗经》中"思乐泮水，薄采其芹"，《吕氏春秋》中"菜之美者，有云梦之芹"，使读者更能领略古今异同与中华文化之美。

即使不谈文化单论美食，以须叔这样的资深吃货，吃遍古今中外遍尝"四大菜系""八大菜系"，也被这本书里丰富绚烂的乡土佳肴震住了。跟随洪先生的笔触，不光是发现了旅游中的风土餐桌和特色饮食，更是寻找到台湾多元族群在岛内迁徙的线索。不错，我们之所以感觉陌生，还是由于与台湾的长期隔膜，对这片土地的历史缺乏认知。内地的读者，大多只知道台湾是我们的宝岛，可到底"宝"在哪里，有哪些"宝"却一问三不知。我们只知道，中华大地有56个民族，顶多知道台湾有个高山族，却不知道高山族还包括了9个部族（也有称10大部族），除此之外还有若干个极少数部族、聚落。当我们不了解这方土地生活着什么人民，又如何了解他们的想法、理念与诉求呢？

《时光的甬道：12个小地方的人类学饮食笔记》就选取了台湾最有代表性的12个小地方，不见经传少得宣传，却遍布台岛全境，涵盖了多个少数部族和聚落。

从相对人口较多较知名的阿美人，到仅剩不到 500 人的卡那卡那富人，深入乡民家庭，细数风土餐桌上的食物，借此挖掘和梳理出每个民族的变迁及这些对人们生活的影响……这份工作，可谓以小见大，通过细腻文笔抽丝剥茧，为读者揭示了这些小地方人文历史发展和变迁的文化奥秘。12 个地方，12 味风情，汇聚成台湾本土文化的版图风貌，使读者得以比较全面和深入地了解现今的台湾。

洪震宇是台湾清华大学社会人类学研究所硕士。可贵的是他没有采用通常的田野调查的方式扫掠而过，不是看客，不做访客，而是融入到乡民生活中，和他们一起作息、完成食物的采集与制作，这样获得的原始的味道才能见于文字中。野地乡镇的风土餐桌只是起点，食物美味成为途中的伙伴，最终带领读者以崭新的角度认识台湾。追溯族群迁徙的历史，复现饮食流变的轨迹。

随着城市文明的渗透发展，许多村民离开渔村山林，投入大城市的洪流，自身的民族特性渐渐地消失了。这是大趋势。然而留下来的原住民仍然坚持着传统的饮食和生活习惯，用青苔煮汤、用酒糟煎蛋，用原始制作的滋味和崇尚自然的方式维护种族的存续。现在，越来越多的人回到了乡村，有的停留有的折返，但这一口故乡的美味是他们深藏灵魂深处的念想。这些带着乡愁的风土菜肴开始传播到各地，甚至有不少外乡人慕名而来，因为这一份安静而简朴定居下来……

看过几个篇章，须叔已经悠然神往；阅毕全书，身未动、心已远。

书中更是贴心地给出了一路经过的美食店的地址和联系方式。相信这对于和我一样渴望了解台湾、愿意自由行的朋友充满了诱惑力。

来吧，让我们打开这部优秀的作品，踏上时光的甬道，开启一段穿越时空的寻根之旅！

须叔：吃货，《北京晚报》《南方周末》专栏作者，食评人；微博、豆瓣控，重口味"文艺犯"。书影活动创意企划及主持，图书馆义工——文理世界的"精分"游客、小宇宙爆发的完美主义者。

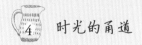

自　序

芝麻开门

————————————————————————————————————

对我来说，食物除了果腹，享受欢愉，还能交流情感经验，追索文化根源，就像通关密语，经过唇齿舌尖的吮嚼检验，吐出那声"芝麻开门！"食物背后的身世奥秘与文化密码，就这样自然地流泄出来。

————————————————————————————————————

有一次我带了高雄甲仙、那玛夏与六龟宝来的朋友去美浓笠山的钟妈妈家吃午餐。用餐前，钟妈妈的小女儿舜文先带我们参观了钟理和文学纪念馆，让大家了解钟理和家族的故事，再沿着菜园小径走到钟家。那天餐桌上有丝瓜粄、萝卜苗蒸肉、梅汁苦瓜、姜丝炒茄子、炒芋头与南瓜蛋酥。用完餐，大家跟钟妈妈在客厅聊天，好奇这些菜的料理方法，也频频猜测蒸肉上黑黑卷卷、像茶叶一样的食材是什么？当知道那些是每年十月收的白玉萝卜的叶子，经过曝晒、腌渍、干燥之后再进行烹制就可以让蒸肉散发萝卜清香时，众人十分意外，原来萝卜叶也可以入菜。

当日的有曾祖父从苗栗公馆移居到甲仙开垦樟脑的客家人，有定居甲仙两百年以上的关山与小林村的平埔人，有从南投名间到甲仙发展的闽南人，有嫁来甲仙十多年的柬埔寨妈妈，有那玛夏的布农人与卡那卡那富人，还有从嘉义移居到六龟宝来的闽南人，众多族群有缘齐聚一堂，开始分享经过萝卜苗的提味的自己的族群记忆与食物。

从北部移民到甲仙的客家人，聊到酱笋煎蛋、蒸鱼的香醇滋味，但习惯吃酱萝卜与酱菠萝的客家媳妇钟妈妈，却没听过酱笋这种食物。从苗栗嫁来甲仙小林村的阿秋，用客家话跟钟妈妈打招呼，提起嫁到小林村的日子，最不习惯的是喜欢狩猎的平埔人，总是腌制很多山产挂在家门前。"一家腌肉整村香"，她却无法适应这种浓烈的野性气息。同村平埔人的美莲，想起过往生活，倒很兴奋地说她们肉粽会包的肉干是多么难忘的家乡味。住在那玛夏、人口不到五百人、刚正名为"第十六族"的卡那卡那富人的Giwa，则说她们会吃用野生山苏包裹年糕、猪肉与小鱼的粽子，这种被他们称作"昂布乐格"的美食，黏糯的口感跟客家菜包有点儿类似。

钟家的小小餐桌上，竟激荡出不同族群的怀乡滋味。虽然大家都来自楠梓仙溪与荖浓溪汇聚而成的高屏溪流域，空间距离不远，却有如隔了万重山一般互不熟悉。透过时光绵延、族群文化与风土条件的交融，编织出不同的餐桌故事与生命经验。就像是枝裕和导演的《横山家之味》，以厨房里的刀切声与蒸汽声开场，传达电影故事主轴：每个家庭都有一种怀念之味，端不上台面却永远想念。

让我想念的钟妈妈餐桌，也是撰写这本书的动机起点。以前来到美浓，都是吃板条、猪脚与姜丝大肠。我总想，难道美浓客家人真的都只吃这些食物吗？许多观光胜地为了迎合客人，大量复制观光的刻板印象，食物千篇一律，失去文化意涵，少了地方生活的联结，更缺乏"一食入魂"的感动。如果能去美浓人家里吃饭，到清晨的市场走动，看看食材，吃当地的日常早餐，也许会有更真实深刻的体会吧。于是我去了三个客家妈妈家里吃饭，餐桌上的一菜一汤一肉一饭，虽然平凡家常，却都是当地山海田野的浓缩精华，以及漫长流转的生命轨迹。

饮食真的这么重要吗？对我来说，食物除了果腹，享受欢愉，还能交流情感经验，追索文化根源，就像通关密语，经过唇齿舌尖的吮嚼检验，吐出那声"芝麻开门！"食物背后的身世奥秘与文化密码，就这样自然流泄出来。有句话是这么说的，告诉我你吃什么，我就知道你是什么人。"食物和语言与宗教一样（甚或程度更大），是文化的石蕊试纸。"历史学者菲利普·费尔南德斯·阿莫斯图在《食物的历史》也如是强调。

如果食物是一种辨别身份的文化试纸，那么台湾的本质是什么？"我是谁？"我用食物去叩问，我的行旅坐标从节气转到小地方，不只关切当地食材的栽种与历史，节气循环的关联，更重视食材运用与生活脉络的联结，书中这些不太具观光知名度，看似偏远其实并不算遥远的地方，反而保存了台湾文化矿脉与风土底蕴的原味。

除了进入人家的餐桌，更要远离餐桌，穿梭在农地、市场、荒野、港边、舢板与厨房，还得翻山越岭、跨过时空。这趟风土餐桌的岛旅生涯，我一走就是四年。

台湾人是个多元化的行旅群体，流着不安定的血液，不论是从大陆过台湾的汉族人（闽南人、客家人），还是岛内原本就存在、更早漂移来台湾落脚的平埔人与高山原住民，因为无情天灾或政权更迭，数百年来，他们为求生存，在岛内进行很频繁、激烈的移动，海拔与纬度，成为各种脚印、足迹的见证。

许多食材看似是风土节气的运作使然，实际上却是带着乡愁、跋山涉水的流浪者之歌，随着族群的行旅足迹，不只传承山川风景，更扛起家乡记忆的重量，宛如带着乡音的掌纹与胎记。

旅行时我常常随口问农人、厨房的料理人："你从哪里来？"往往会得到意想不到的答案。像知名的甲仙芋头，是日据时期苗栗客家人到甲仙提炼樟脑，日常缺乏蔬菜，才从家乡带芋苗种植，只是从肥料充足的平原水芋变成天生天养的旱地山芋，形状从大颗橄榄球变成小巧垒球，口感更饱满松软，因为食材有限，芋梗还有大用，可以清炒食用，还能晒干保存，用来炖煮花生排骨汤，甚至加工腌渍成芋梗酸，配饭或当成调味品。

当食物不只是食物，而是一个重现时光的甬道，我们得像一个人类学家，仔细爬梳考掘，才能凿出看似灰飞烟灭，实则在蒙尘地表下依然波澜壮阔的文化山河。

法国文学家普鲁斯特在《追忆似水年华》第七卷的最后一章"重现的时光"里，提到他关切食物跟生活细节，并非是用显微镜去找寻事物真理，而是用一台天文望远镜去观看天上繁星，星星之所以微小，只是因为距离遥远，但一星一世界，"就在我求索伟大法则的地方，人们称我是细枝末叶的搜集者。"

人人也都是他自己的历史学家，细枝末叶的采集与求索，体会他们的悲欢离合，才能让那些日常风风雨雨，撑起大历史的骨干，填满大时代的血肉。

尤其在全球化、城乡差距更大的时代，向内走得更深，向外才能走得更远，只有更细微地关注一个乡镇、一座村落、一户人家、一位人物的生活样貌，找出不随波逐流的根源与坚持，才能找到自己，也才能寻路未来。

"我是谁？"我希望自己是盐，透过书写与小旅行的提味，凸显风土餐桌的原味。陆文夫在《美食家》这篇小说诠释盐的特质，做菜最难的不是选料、刀工、火候，而是放盐。盐能吊百味，但百味吊出之后，它本身就隐而不见，没人在咸淡适中的菜里吃出盐味。

这十二个小地方，也是我生命田野的盐。这趟行旅，看似越来越偏，越来越远，却越来越深，越来越有滋味，仿佛在时间的回声里踟蹰，不断行向昨日的记忆，也航向未来的旅程。

故事就在现场，邀请你一起出发，深入这个岛屿的山巅水湄，走一趟以食物铭印的探源之旅。

一起说："芝——麻——开——门——"

丰滨人
的餐桌故事

与山海节气共存

寒风中，海浪在岸边来回奔驰，

乌云密布，海天交界透出淡淡微光。

我的朋友耀忠，仿佛是被潮声召唤，

凝视远方的眼神露出兴奋的光彩，

他矫捷地攀下护栏，回头对我招招手，

随即在嶙峋巨石间跳跃前进。

真是好身手！我暗自喝彩，也赶紧跟上，

但耀忠转眼间已在十米之外了。

跟着自然节奏作息

只要跟着自然节奏来生活作息，就能找到生存之道。

离大海越近，浪击岩石的声音越激昂，"要会听浪看浪，四小浪后跟着一大浪，大浪一退就要起跑。"海浪暂退之际，他毫不迟疑地往前奔去，半蹲在海水中一面摘海菜，一面将海菜放进腰间的网袋，他的眼神仍不时盯着海浪，二十秒后，大浪再度袭来，他先挥手要我退后，再赶紧转身往后跑。一会儿浪走了，他又前进蹲下摘海菜，就这样来来回回十多次，躲避海浪追击，又像在跟浪潮嬉戏，身影在岩石上轻盈跃动，有如起伏的波浪。

刺骨寒风让我感到饥肠辘辘，于是我弯腰摘海菜尝尝味道。平坦岩石上满布油亮亮的绿藻片，非常好摘，但岩石缝隙中长得像头发的黑发菜，质地较密，得稍微用力拉扯，扯下我直接放入嘴中咀嚼，绿藻片口感脆，黑发菜则口感稍软，这两种海菜咸咸甜甜，没特别味道，却带有大海桀骜的野气。等海菜收集差不多了，耀忠整个人又趴在大岩石下方挖掘，抓出一大把像一串串绿色小珍珠的海葡萄，我尝了

一口，颗粒分明，带着咸甜的海水味。

身材不高、黝黑壮硕的耀忠，是花莲丰滨阿美人港口部落陶瓮百合春天餐厅的主厨，阿美人传统食用海菜的方式，不是煮汤，就是蘸辣椒水来吃，他今天摘的海菜，主要是用来做凉拌菜或者海菜蒸蛋。

这个海菜区位于丰滨的石梯坪，这里长一千米、宽六百米，由于珊瑚礁岩比较平坦，海菜分布广，是族人冬季采海菜的重要区域。耀忠形容采海菜是每年举办的"部落冬季奥运"，得跟海浪搏斗，来回奔跑，还要小心岩石的坑洞，边跑边跳。但每个阿美人都习惯说去海边"拿东西"，像海菜就只取当天需要的量，不会贪多，否则就会被无情的大浪卷走。

耀忠说，浪有生命、有呼吸，你不在意它，它就在意你。

在大浪追击中，海菜的滋味撞击我的舌尖与内心，这就是冬天，这就是生活。每当十一月之后，东北季风来临时，大浪不断拍打岩石，海中的菌丝与微生物随着浪花植入充满孔洞的珊瑚礁岩中，加上大量阴冷潮湿的水气，让这群来自大海的微小子民，沿着岩石不断繁衍，蔓延出各式各样的藻。

这些藻被当地的阿美人视为天寒地冻时节的

珍馐好菜，如果到了夏天，气候炎热，海菜难以生长，口感就会变得又老又苦。只要跟着自然节奏来生活作息，就能找到生存之道，阿美人就是一个懂得与山海节气共存的族群，通过采集、渔猎和耕作生活。

❧ 采海菜是阿美人冬天的重要活动。

野菜野生活

这些野菜不是驯化种植的蔬菜，
而是大自然在不同季节孕育的礼物。

　　涨潮时，海菜长得特别茂盛，退潮后，也有美食可寻。由于礁岩上到处都是小洞、小窟窿，海水逗留着不走，洞中就会有小鱼、海菜与小虾。阿美人的长辈会准备盐、辣椒与白饭，带着孩子去岩石上野餐。他们把辣椒弄碎放入洞中的海水里，先将小鱼辣晕，再抓来加盐、蘸辣椒水配饭吃，就能解决一餐。

✿ 礁岩间的窟窿，有小鱼、小虾与海菜，更有野生九孔与各种贝类。

除了耕作与渔捞，阿美人更被称为"吃草的民族"。在平地人眼中不起眼的杂草，却是他们钟爱的可口野菜，每株草都有个性与滋味，他们能辨识上百种可食野菜，不用种菜，就能摘取各种节令好食。有一次跟耀忠开车出门，经过一块野草地，他突然紧急煞车，原来他发现了一片野菜新大陆，一边下车拔菜，一边喃喃自语，好多好吃的菜啊，我站在一旁却只看到一片面貌相似的野草。

看似杂草丛生的石梯坪海边腹地，其实是桀骜不逊又可口丰富的野菜王国。海边最天然的防风林是叶面带着尖锐锯齿状的林投树，耀忠用腰刀砍下林投树的茎叶，再以削切剥的方式，取出树茎包裹的白色林投心，乍看很像竹笋，但水分饱满，口感软中带点儿脆度与稠度，可以拿来凉拌或拌炒，吃起来很清爽。我在日本冲绳县的石垣岛，也曾吃过石垣牛肉炒木耳、山苏与林投心，原来海边的人们都懂得运用自然资源做出美味料理。

🌿 阿里凤凤，林投叶编成的阿美人便当袋。

🌿 小叶碎米荠，带有独特呛味的天然调味料。

耀忠还会用刀削去林投叶的锯齿利刺，再将林投叶仔细地交错编织起来，做成一个紧密扎实的小包囊，这是阿美人的便当袋，叫作"阿里凤凤"，可以将糯米、小米装入其中，拿去蒸熟，出门时挂在腰间，饿的时候松开叶面，就能饱餐一顿。

耀忠介绍可增添料理香气与韵味的刺葱。

冬季海边有一大片芒草，把芒草细茎剥开，取出细嫩的芒草心，可以煮汤、凉拌，味道微苦，但会回甘。海岸山脉深山里的黄藤，除了是建材、编织的材料，更是阿美人的重要食材。满身棘刺的黄藤，取下后会有一截还没纤维化、约六十厘米长的藤心，像是大一号的芒草心，味道苦甘，阿美人煮猪肉汤、鸡汤，或是煮有螃蟹、虾的海鲜汤，在放入藤心熬煮后，更增加汤头的鲜甜，吸饱汤汁的藤心，脆脆软软中带点儿嚼劲。"我们什么心都吃，只有'没有良心'不吃。"耀忠开玩笑说。

由于黄藤长在山林的悬崖峭壁，不易取得，又多刺，更显珍贵，是阿美人宴会款待贵客必备的食材。阿美人常常几个人一起入山采藤心，一起拉扯黄藤，彼此有照应，饿了也会在野外烤藤心蘸盐来吃。有一次耀忠入山采藤心，戴手套用力抓扯黄藤时不小心从陡峭的斜坡摔下去，大腿被腰间的佩刀划伤，当场血流如注，那种疼痛让他至今记忆犹新。

在野地、水沟、墙角边还会三五成群地冒出一种叶面小小、长着小白花的小叶碎米荠，尝起来有种类似芥末的呛味，这是阿美人的天然调味料。在田边工作时，摘下后可以蘸盐巴、酱油食用，也可以放在酱油中蘸生鱼片，风味独特。野地还有呛辣的鸡心小辣椒，绿绿红红的，像一朵朵小烛焰，阿美人爱吃辣，会将它摘来洗净加盐、米酒腌渍后储存，用于各种料理。

野菜采集除了自家食用外，还能在市场贩卖，变成一种"野菜产业"。丰滨的菜市场很小，因为妈妈们都是自己种菜，或是四处采集野菜，不太需要集市，如果要买野菜，认识野菜，耀忠推荐可以去花莲吉安乡下午三点开张的黄昏野菜市场走走，这是阿美妈妈们将采集的野菜汇聚摆摊的集散中心，可以看到另种野菜文化。

🌿 野生山苏
🌿 鸡心辣椒

会出现这个野菜市场也是偶然。因市场附近曾开设网球拍工厂，大量雇用当地人，这群阿美妈妈下班后必须买菜回家，一些没上班的阿美妇女，就在工厂附近贩卖自己采集的野菜，久而久之便成为一个市集。这个野菜市场有十多摊，可以看到被称为昭和草、口感像茼蒿的山茼蒿，在海拔七百米采集到的野生山苏、深山里的藤心、芒草心，还有野苋、山莴苣、龙葵、山芹菜、水芹菜，以及颜色鲜艳红绿的鸡心辣椒，加米酒滋味清香的马告（山胡椒），野菜的模样跟名称与西部市场的蔬菜截然不同。这些野菜不是驯化种植的蔬菜，而是在山野间自然长成，口感较苦涩、有嚼劲，但是没有农药，是大自然在不同季节孕育的礼物。

野菜不只是原住民的食物，两千多年前的春秋战国时代，人民就是采集野菜维生，记载民间生活的诗歌总集《诗经》，三百多篇诗歌中就有四十多篇是在讴歌采野菜的生活与心情，《诗经》里面提到的一百三十多种植物，可食用的野菜就有二十多种。

我曾在石梯坪吃过比一般芹菜还大的水芹菜，带着芹菜香，梗茎较粗大，氽烫后，味道香浓也无苦涩味，还有点回甘。以往香气清雅的芹菜只是一般餐点的佐料配菜，但在古代芹菜却是祭祀用的蔬菜，我从《诗经》读到一句话："思乐泮水，薄采其芹。"在宴会宫殿旁的水池边，大家开心地摘采池里的水芹，采芹成为一种入学仪式，甚至中秀才都被称为"采芹人"。连《吕氏春秋》都说："菜之美者，有云梦之芹。"洞庭湖云梦大泽旁生的水芹，仪态万千，丰美好吃。

古人谈的芹菜，应该就是水芹菜，日据时期，日本人会将水芹菜浸泡酱油后油炸来吃，阿美人则是煮汤、清炒或腌渍。我边吃水芹边感受云梦芹香的梦幻，青青水芹，乍暖还寒中、迎风摇曳伫立溪旁，如果不是阿美妈妈们辛勤的采集摘取，怎能一亲芳泽？

野菜最懂得节令，暖冬初春，这些大自然的子民就在野地争相挺立，舒展生命。荒地有情，孕育阿美人从野艳生命中获取饱满的力量，凌拂在《食野之苹》写

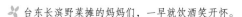
台东长滨野菜摊的妈妈们，一早就饮酒笑开怀。

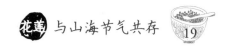

道："大地有季节，懂得在季节里采食各种植物的人，要什么，就要定了。"

过去的《诗经》总在抒发思念，但在阿美人理解的诗经中，却蕴含着一种野性的生活乐趣。

靠近丰滨的台东长滨乡，清晨的路边市场也有好几个阿美妈妈的野菜摊，这也是耀忠推荐我认识野菜的地方。她们戴着帽子，三三两两地坐在路旁发呆、聊天，不会特别向往来路人招揽生意，感觉更自在随性。除了卖野菜，还有采自海边礁岩的海菜、野生九孔、鸡心辣椒，及一罐罐腌好的野蜗牛与腌生猪肉，让我大开眼界。我蹲着问她们关于野菜、海产的知识与料理方式，其他妈妈也七嘴八舌地聚过来说明，聊着聊着，她们打开维士比（一种保健饮品），加点儿小米酒，就开始喝起来。"这么早就喝酒喔？""怎么会早，一大早就起来拔菜了，现在很晚了，喝喝酒才开心！"我觉得她们不是来卖菜，而是来聊天、过日子，顺便交换大自然给的礼物。

大海就是冰箱

每个阿美人的孩子，小时候都会有一把鱼枪，可以潜水射鱼，为自己准备三餐。

　　采集生活，是东海岸阿美人传统的生活方式。位于花莲、台东交界附近的丰滨港口部落，更是少数阿美人维持完整传统生活与文化的重镇。港口部落在地理上是东海岸的中心点，也是阿美人的发源地之一，部落仍保存严谨的年龄阶级制度、海祭与丰年祭。像现在东海岸各部落丰年祭，因为观光化，举办时间几乎都被当地主管部门限制，彼此不能重复，只有港口部落自主决定丰年祭时间，目的是团结族人，而非吸引观光客，每年港口部落的丰年祭，全台各地的族人都会赶回来参加。

✿ 石梯渔港虽小，却一直是东海岸旗鱼产量最高的渔港。

跟随黑潮洋流而来的鬼头刀。

这个部落的独特个性，跟地理环境有关。丰滨是背山面海的狭长乡镇，是东南方的菲律宾海板块与岛屿激情相拥，挤压出来的惊天动地的吻痕。丰滨最南端的港口部落，范围包括从北而南的石梯湾、石梯坪到秀姑峦溪出海口，大海日日夜夜的造访，雕凿出错综复杂的海蚀地形。从石梯坪看着云层、山峦与大海的交会，晴晴雨雨都是一种迷蒙状态。

部落中心位于东部第一大河流秀姑峦溪出海口附近，这条切过海岸山脉的湍急溪流，总长约一百千米，从三千两百米高的秀姑峦山以千军万马之姿，承载着各种虾、蟹、鳗鱼等洄游生物，穿过山林峭壁，一路奔向太平洋。每年农历三四月份，鱼苗都会涌现在河口，或是在台风将至、上游水量爆增的时候，鱼苗都会被大水冲向河口，这时港口部落的人就会半夜站在河口，挺立在激流中，以三角网捞捕鱼苗。

港口部落还有一个上天恩赐的礼物。来自南方的温暖黑潮，像一条深蓝色的绸带，紧紧地围绕着东海岸，这道温暖洋流带来的养分，形成洄游性鱼类的渔场，冬天有白皮旗鱼这种大型鱼猎食，而春天和夏天，则有鲔鱼、黑皮旗鱼、飞鱼与鬼头刀陆续从黑潮洋流中跃出。

这整片山河海的区域都属于港口部落的生活圈，石梯坪这片小区域，就是野菜与海菜的孕育宝地。

清朝光绪年间的统领吴光亮，在东海岸以武力开路来到此地，看到长短不一如阶梯般的海蚀地形，就取名为石梯。石梯湾是离海最近的湾澳，石梯坪则是珊瑚礁密布的海岸石阶平台。石梯坪旁边、日据时期就兴建的石梯港，绵延迂回于一百二十四千米长的花莲海岸线中，是除了花莲港之外的唯一渔港。

阳光照射下，这座紧贴海岸山脉与太平洋的小渔港，像一面倒映着绿山蓝海的镜子，渔港虽小，迄今一直是东海岸旗鱼产量最高的渔港。港内静静泊着像锐利长剑般突出的镖台、悬着细长镖枪的旗鱼船。日据时期，日本人有计划地引进日本冲绳、和歌山、爱媛、高知等地的渔民来东海岸发展，他们带来了镖旗鱼的技术，也雇用了许多阿美人、恒春与绿岛人上船工作，让原本只有舢板、无动力小船的台湾人也学会了这项海上男儿的绝技，乘风破浪与剽悍的旗鱼缠斗。

石梯渔港的阿美大姐秀姑开的早餐店很特别，这里提供渔夫一大早进港、拍卖之后的第一顿餐点，一定得丰富有劲。秀姑的食材很有节令特色，新鲜又便宜，除了好吃的卤肉饭、干面之外，主食是新鲜的生鱼片与鲜鱼汤。初春季节，我吃了旗鱼生鱼片，喝了旗鱼汤，一个渔夫拍拍我，说不要忘了喝神仙水。神仙水？他倒了一杯保利达 B 加上维大力（保利达 B 和维大力是台湾非常畅销的酒精饮料），这是渔夫御寒的饮料，来这里活得就要像阿美的赶海人，每次到秀姑这里，我一定会吃渔夫早餐、喝杯神仙水。

有一次秀姑突然要我帮她照顾一下店，原来订制渔产的渔船进港了，她要赶着去抢渔获。只见一大群人等着渔船进港，等渔工将渔获倒入长长的容器中，各种渔

秀姑的肉臊干面

🌸 卤肉饭　　　　　　🌸 旗鱼鲜鱼汤　　　　🌸 生鱼片配辣椒水　　　🌸 渔网捕获的鳝鱼

获如潮水般奔流出来，大家开始伸手去抢，鬼头刀、皮刀鱼、鳝鱼、魟鱼，甚至还有鲨鱼。抢好了鱼，就放到一旁的磅秤计价，买家跟船东毫不啰唆，说好价格，就打包带走。我看到一个老奶奶把魟鱼放在机车前篮上，我问这要怎么料理？从长滨来此的奶奶说，可以做成咸菜猪肉魟鱼汤、魟鱼炒猪肠，甚至魟鱼生鱼片也很美味。

　　对阿美人来说，大海就是冰箱。每个阿美人的孩子小时候都会有一把鱼枪，可以潜水射鱼，为自己准备三餐。根据经验，清晨的鱼比较好抓，因为鱼儿才刚睡醒，活动力很弱。石梯湾湾澳较深，岩石多，躲藏着不少龙虾，除了捕龙虾，还可以带着铁钩去岩石与海沟中挖螺贝。耀忠说，他们很穷，没有面包吃，每天早餐都是吃龙虾粥，都已经吃腻了。

　　食材虽然丰富，但他们从不囤积食物，每天现拿、不贪多。潜水抓章鱼，他们有个习惯，就是不能破坏章鱼巢穴洞窟。每次抓完之后还要把章鱼巢穴洞口的石头盖好，这样别的章鱼才会再躲在这个洞里面。长辈也一直告诫，装满鱼篓就不能再下海抓鱼，也不能回家后再出来抓，因为这样会发生意外。下次要抓鱼，必须隔一顿饭的时间。

　　冬天太冷不能潜水捕鱼，就出海钓鱼、采海菜与野菜。石梯港也是族人采买新鲜渔获的地方。十二月，耀忠带我到石梯港来找懂得镖旗鱼技术的哥哥耀男，耀男除了是耀忠餐厅的大厨，平日白天没事，也会跟着出海捕鱼。只见四五个渔夫闲坐在船上，嚼着槟榔、喝点儿小酒，神色有点儿意兴阑珊，原来今天出海没有镖到旗鱼。我眼尖，看到船上摆了几条黄色背鳍带着蓝色斑点的鬼头刀，那是他们意外捕获的鱼，由于四月之后鬼头刀的猎物飞鱼才会随着黑潮现身，因此这几条鬼头刀身形还不够雄壮肥硕。我们讨价还价之后，一条鱼售价三百元，还买一送一。

耀忠问我要不要吃鬼头刀生鱼片，我吃过盐烤鬼头刀、鬼头刀鱼丸，但最喜欢吃口感细致绵密的鬼头刀生鱼片，当下兴奋得直点头。我们上了船，耀忠用刀划开鱼身，稍微轻扯，鱼皮一下子就褪下，看似凶猛的鬼头刀，露出了嫩白的身躯，耀忠再将鱼肉切成一片片的，没多久，一条一米长的鬼头刀就成了一条白腻滑嫩、鲜香可口的雕刻品。

在石梯港渔船上，耀忠现切鬼头刀生鱼片泡辣椒水。

我问耀忠，有没有芥末？耀忠说，有啊，阿美人有天然芥末。他取出矿泉水、盐巴与野生鸡心辣椒，倒在碗里，将辣椒压碎成泥，与盐水搅拌后，将生鱼片浸泡在辣椒水中三分钟，用这个方式将鱼肉脱水，产生紧缩Q弹的口感，并吸饱辣椒的麻辣香。我用手抓起红透的生鱼片放在嘴里，鱼肉又甜又麻又辣。渔夫们喝了酒，开始唱起歌，旗鱼船上的大餐，难忘的野性豪迈。

另一次独特的生鱼片吃法，是在细雨微寒的三月。耀忠从石梯港买来一尾芭蕉旗鱼，我们在星夜下的庭院喝酒唱歌，热闹气氛中，只有它静静地躺在木桌上，身边堆满了碎冰保鲜，嘴上的尖刺已被去除，看似缴械投降，但仍瞪着大圆眼，黑色的背鳍依然怒张，仿佛随时可以跃起再战。芭蕉旗鱼有破雨伞之称，因为喜欢在海浪中嬉戏捕猎，在镖台渔人眼中，就像是载浮载沉的破雨伞。

打赤膊的耀忠用刀切开鱼身，在漂流木砧板上一刀一刀划下鲜红鱼肉，鱼肉排成好几排，灯光照射下，仍有跃跃欲动的鲜艳色彩。在远方的壮丽海潮和庭院里温柔的阿美民歌的伴奏下，我夹起鱼肉，蘸点儿酱油与芥末，生鱼片的滋味已不再是好不好吃、口感如何的形容，而是一种向大海王者的致敬，交织着对生命的感动。

耀忠带我去抓螃蟹。他戴着头灯，攀出护栏，黑夜中，只见暗淡的头灯一直往前移动，没多久，光影往回移动，越来越近，越来越近，不到一分钟，耀忠双手已经各抓一只斜纹方蟹。他把螃蟹放在地上，两只螃蟹开始快速横向移动，他打趣地说这也是冬季奥运会。他敏捷地抓起螃蟹，笑说只要清蒸就很好吃了。"我太爱海了，白天晚上都在海上，我们都是太平洋股份有限公司的员工。"耀忠不是为了供应客人最新鲜的食材才会清晨捕鱼、夜里抓螃蟹，这本就是他热爱的生活，只是恰好分享给远道而来的旅人。

东海岸 Lokot 之歌

"我的菜要经过一段路，跋山涉水、日晒雨淋，才会到达你的桌上。"

❊ 耀忠手拿皮刀鱼模仿菜刀。

耀忠的料理已经是东海岸的传奇。他的料理运用阿美人的食材，加入自己的创意，又亲自采集、捕捞食材，将热情完全融入在厨艺中。许多人慕名到他开设的陶瓮百合春天餐厅吃饭，大部分的人都只从餐桌上认识耀忠，但耀忠餐桌以外的故事更精彩。

耀忠曾在供应团餐的餐厅工作，那里的食物没有个性、味道单一，他也在烹饪过程中吸入过多油烟，一直生病咳嗽，咳到以为自己快死了。他问自己，真的要这样走完一辈子吗？他决定离开，陆续开了各种餐厅，但创业过程很不顺遂。他回到家里重新开始，在外头搭一个简陋的棚子，开始做自己想做的料理，融合阿美人的生活方式、当地食材，以及自由创意。一开始餐厅的客人很少，有时一周才一桌客人，他缺乏自信，还不敢跟客人说话聊天，后来硬着头皮训练自己说话，讲食材，讲生活，客人才慢慢变多了，整个餐厅没有特别的装潢，从厨房出菜，还要走一段路才能送到餐桌，"我的菜要经过一段路，跋山涉水、

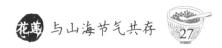
❀ 盐烤鬼头刀

✿ 如花朵般的生鱼片

日晒雨淋，才会到达你的桌上。"

后来耀忠获得亚都丽致的严长寿赏识，邀请他去台北亚都丽致当客座厨师，他去了一阵子，却不适应那种一身厨师白衣、戴高帽子、干净优雅的气息，他平常都是打赤膊做菜，开心就喝酒跳舞，靠一把刀就能采食材、切菜、杀鱼。他迷惑了，自己到底要追求什么？到底自己是谁？内心很挣扎，他决定离开，用两周的时间骑单车环岛，一路上打工换住宿，了解别人的食材与故事，最后返回部落，决定不离开家，他希望用更有创意与更具美学的方式，呈现部落最真的味道，把人吸引到部落，比离开部落出外工作更有意义。"找不到自己的味道，一直跟着别人，就永远找不到自己。"他告诉自己。

耀忠大胆运用各种食材相互结合，产生新的味道，又善于使用白色餐盘，餐盘如画布将食材衬托成山海风景，有精致的小品，有粗犷的豪气。像山药醋汁野菜蛋卷，就是将蛋皮包裹着过山猫、龙须菜、紫山药与部落常吃的芭蕉干，改用低温烘烤来呈现芭蕉干的口感，再配上烤过的小西红柿，各种滋味与口感都融在一起。或是把野菜龙葵切细碎，再用豆皮包起来，翠绿的颜色很诱人，又让龙葵跳脱传统煮汤或蒜头快炒的料理方式。

他的潮间带海之味，就是把蝾螺、烤中卷、生鱼片、秀姑峦溪出海口的虾虎、各种海菜同时摆在大盘上，或是各种生鱼片、龙虾与螃蟹放在漂流木做成的餐盘里，衬着月桃叶、月桃花以及石头，华丽的姿态不断让人发出"哇哇"的赞叹声。即使只是盐烤鬼头刀鱼头鱼腹，也有惊喜，因为鱼腹中会加上散发迷人香气的刺葱，增加鱼肉的韵味层次。

✿ 上：耀忠大胆运用各种食材产生新味道。下：潮间带海之味。

❀ 忠料理旗鱼生鱼片。

　　我常在厨房里跟耀忠聊天，他可以边用肩膀与脖子夹着手机讲电话，边将食材摆放在餐盘上，忙乱中依然充满美感，我问他是否有固定的表现方式，他说看感觉，七成会不同。一次为了庆生，朋友询问有没有蛋糕，耀忠说，这里只有阿美人的蛋糕——鸡蛋跟高粱酒，满脑子天马行空的笑话跟创造力，很难用框架去限制他。但耀忠也有严肃的时刻，他希望借由厨艺与生意，来向部落年轻人证明，除了雕漂流木之外，用厨艺展现生活，也能走出自己的天空。

　　一个住在南投竹山的大姐，十多年前搬来石梯坪，已经习惯夜夜伴着海潮声入眠，她回竹山老家探亲，山上一片静寂，她竟彻夜失眠了。离开海，生命仿佛就失去心跳。

　　就像秀姑峦溪河海交界的一座无人岛 Ciporn，意思是在河口，从清代开始，

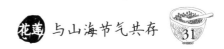
Ciporn 就有各种汉译名称，包括泗波兰、芝舞兰、秀孤鸾、秀姑峦与狮球屿。当地的阿美耆老也称这座无人岛为 Lokot，因为溪水与海水交汇，狂风暴雨交织着风平浪静，Lokot 意思是"尽管历经风雨，这座岛屿仍站立不动"。

当黑夜潮骚响起，耀忠是否也起身带着三角网，跟他的渔友们在河口上演一场 Lokot 之歌？

如果你想品尝丰滨人的餐桌

❀ 陶瓮百合春天 花莲县丰滨乡静浦村 3 邻 138 号 (03)8781479
❀ 石梯港秀姑面店 花莲县丰滨乡港口村石梯湾 96 号

比西里岸人
的餐桌故事

飞鱼与羊的热带忧郁

太平洋拍打长堤前的消波块，

发出"轰隆轰隆"闷闷的低响，

在这个忧郁的冬季，即使没下雨，

奋力举手的海浪仍化成点点雨雾，弥漫整个聚落。

我沿着海岸行走，离开消波块集结的区域，来到砾石滩，

潮水似乎带着狂暴的怒气，汹涌而上，

潮退时，却依依不舍地拥抱着鹅卵石，留下喃喃的叹息。

这里是台东成功镇的三仙台小区，

被阿美人称为比西里岸的地方。

潮浪以不同的声音唤醒比西里岸的清晨，

回程时，我看到一个穿红鞋的小女孩，静坐堤上，

不知是在沉思还是发呆，

离她不远处，一只用漂流木组成的大山羊，

眺望着远方的珊瑚礁小岛，

仿佛是女孩与海岸的守望者。

祖母的热情早餐

当地的阿美人称这里为"比西里岸"（Pisilian），
"sile"是山羊的意思，比西里岸就是放羊的地方。

没多久，一群孩子出现在长堤，开始说笑话玩乐，或是彼此追赶，在长堤上奔走。这里是孩子们的游乐场，他们冬天看海，夏天下海游泳、抓鱼，化身成海浪，随着海水起伏。海浪声日复一日，年复一年，七十九岁的 Mamu（阿美语祖母的意思）也听了七十多年，她年轻时，每天傍晚或夜间，等到退潮时，也是沿着这条海岸线走到三仙台，涉水上岛，为避免衣服湿掉，得脱去上衣顶在头上，在潮间带采集海菜、海螺、海胆与各种贝类。

岁月压驼了 Mamu 的身躯，她现在只能沿着长堤走走，听听浪声，将体内如大海般的澎湃感受转化成美味的早餐，热情地招待旅人们。走下长

开早餐店的 Mamu 总是微笑以待。

❀饭团的糯米已先用酱油炒过。

❀Mamu 研发的红龟粿，外形口感都独树一格。

堤，经过一个 Sasa（阿美语，休息的凉亭），Mamu 正躺在草席上与几个长辈聊天，看到我来了，不好意思地坐起来，赶忙去一旁的早餐店准备。这里有米浆、豆浆、馒头、饭团、蛋饼与葱抓饼，除了热狗与鸡块之外，其他都是 Mamu 清晨三点起床亲手现做的早点。

小巧的饭团，呈现淡淡的黄色，先用酱油将糯米炒过，再包上肉松，口感跟汉族人的饭团很不同，多了点儿嚼劲与香气。蛋饼的饼皮是 Mamu 自己调配的，厚厚的面糊掺着满满的葱花与芝麻，在铁盘上反复煎熟，散发淡淡香味，起锅前打个蛋，一个厚实饱满的蛋饼就上桌了。我意犹未尽，又点了肉包跟馒头。Mamu 笑着说，食量很大喔，五点半就开店的她，想必已耗费不少体力，偷空吃几口馒头，又蹲在一旁洗碗。

一个可爱的小女孩跟妈妈来买外带早餐，Mamu 不忘塞几个有大红圆点的小包子送给小女孩，这其实是 Mamu 自己开发的红龟粿，糯米包花生或红豆，只是个头小，红点就显得特别大了。两种口味我都点来吃，很扎实，糯米皮脆脆的，外形和口感都跟闽南口味大不同。"Mamu 的脑里装三仙台的石头，很聪明。"来帮忙煎蛋饼的大姐说，"Mamu 没有学校啦。"（没念过书的意思）Mamu 讲话轻柔，一直笑、一直弯腰说谢谢。

我好奇，三仙台的石头这么灵吗？是吕洞宾的威力，还是大自然的能量呢？当地的阿美人称这里为"比西里岸"（Pisilian），"sile"是山羊的意思，比西里岸就是放羊的地方。这里旧名"白守莲"，海边当然无白莲可守，只是当地主管部门强加的无意义译音，现在改名为台东成功镇三仙台小区。

三仙台是汉族人的想象，因为这个珊瑚礁岛屿上有三座巨石，传说铁拐李、吕洞宾与何仙姑曾在此歇息。而比西里岸这个名字，才能传达出当地人真切的生活记录。这里是个新聚落，日据时期，海岸阿美人从花莲丰滨港口部落或是台东长滨的部落迁居来此，一开始住在山上的高台，海岸附近则住着从屏东恒春移居来此捕鱼的汉族人，有些汉族人养了山羊，会将羊放牧在三仙台上，涨潮时三仙台就成了一座无法涉水而过的孤岛，可以将羊群困在岛上，退潮时，再把羊赶回家。于是，阿美人开始称这里为比西里岸，除了来潮间带与岛上采集食物，也在岛上养羊。

Mamu想起以前在高台的生活，白天在梯田工作，到山上砍柴，傍晚有空时，三十多个族人，会一起去海滩上拉渔网、牵罟捕鱼，后来因为台风袭击，不少住在山上的阿美人的房子都遭损毁，决定迁下来，与汉族人混居。

一个汉族人的神话之地，一座一九八七年完工的跨海拱桥，被纳入了东海岸风景管理处，让放羊之地成了观光重镇，甚至禁止阿美人来此放牧、采集林投果与野菜。羊群跑了，观光人潮来了，加上土地休耕政策，山上的大片梯田全部废耕，部落也没落了，为了生计，不少年轻人跑去台北当建筑工人，或是去远洋跑船，一年难得回来一次，部落只剩老人跟小孩守着家园。

我沿着山路上行，远眺一大片废耕、长着绿草的梯田，与大海蓝天相连，怀想往日阿美人白天耕作，傍晚捕鱼、采海菜的情景，那种和乐的日子似乎成为令人唏嘘的记忆。移民的汉族人陆续离开，宁可让家园荒芜也不愿整理，难怪这个聚落不少房子都已残破倾颓。散步时，看到有个阿婆站在一栋人去楼空的水泥屋舍前，为破败窗洞装渔网，好奇询问，才知道原来这样才会杜绝有些人朝窗内乱丢垃圾。

走着走着，遇到几个居民正在喝酒聊天，吃着一种刚捕捉到的小鱼，他们热情地招呼我一起品尝。这种多刺的银色小鱼，蘸上加了蒜头与辣椒的酱油，味道又重又辣，十分下酒。我又看到十多个渔民坐在地上、板凳上整理渔网，有人在缝补渔网，有人用锤子敲打网里攀附的寄生的藤壶。他们边喝酒聊天边工作，说藤壶敲下来之后煎蛋最好吃，也聊到海里让人困扰的水母只要清烫后就有天然海水咸味，也是下酒的菜肴。

曾经在巷弄内遇到一个晒咸菜的七十多岁的婆婆，她被族人称为最会找蝾螺的海女，因为不喜欢被人发现她的秘密采集地点，总是喜欢晚上退潮时趁着月光到三仙台潮间带采集食材。部落的年轻人很好奇，这种附着在岩石上的蝾螺，看起来像石头，挖到蝾螺的成功概率不到两成，但是海女总能敏锐地辨识出来，满载而归。

我在被称为"部落酒吧"的杂货店喝啤酒时，老板招待我吃冰冻的波罗蜜，甜甜脆脆，非常消暑。这些菠萝蜜来自他们在山上种植的果园，老板是从恒春来此的第二代闽南人，父亲来这里捕鱼，就定居不走了。因为父亲年纪大了，他不忍老父独守杂货店，决定也跟太太来比西里岸定居，守着家、守着海，每天阿美人从早到晚，坐在这里聊天、吃饭、喝酒，不然就是买了酒，坐在长堤上吹晚风。

飞鱼跃出，忧郁的热带

土地与大海是比西里岸海岸阿美人的双翅，
双翼逐渐凋零，让这个闪烁的银点慢慢黯然。

相对于三仙台来去匆匆的观光人潮，这里虽是个平凡安静的小村，但却蕴含着丰富的生命力。

我和比西里岸小区发展协会朋友的理事公（理事长的老公）一起去三仙台岛上走走，这里原本是一座岬角，海水的侵蚀，蚀断了岬角与陆地的连接，成了一座珊瑚礁环绕的孤岛。一座八拱桥上上下下得走上半小时，许多游客走一半就折返，

✿ 三仙台

✿ 从三仙台回望比西里岸部落，笼罩在山岚云雾之中。

基翬渔港抢渔获。

有炸弹鱼之称的鲣鱼鱼块。

或是在海边拍照，到处都是人潮。我们下了桥，一路往岛深处走去，这里像另一个失落的世界，两旁都是茂密的林投树，整座岛的景观很壮阔，到处是险峻的礁石、高耸的巨岩，四处散布海蚀沟、壶穴等海蚀景观，围绕岛屿的碧海蓝天，更让人眼界开阔。

理事公指着前方的一小片草原，那是以前牧羊放牛的地方。他们的长辈来放牧时，会顺便采集螃蟹、贝类，接着就在草地上吃东西"巴格浪"起来（"巴格浪"是阿美语庆祝的意思），而马粪海胆就敲开外壳倒入米酒直接生吃，这里野生物产丰富，是一个天然的冰箱。只是那片草地的牧草依旧青绿可口，却再没有牛羊来此停留，理事公神情有些落寞，我们吹着海风，伫立良久。回首望向比西里岸部落，在层层迭迭的海岸山脉与山岚环绕中，部落小小的房舍若隐若现。

望向另一边，是个定置渔场，渔场的分布面积比花莲丰滨的石梯港定置渔网还大，理事公说这是东海岸珊瑚礁最后的净土，渔场像钩子一样，可以钩住随洋流移动的鱼群，每天早晚渔获都会载到附近的基翬渔港（基翬是阿美语海湾，或有湾的地方）拍卖。

那天下午五点半有两艘渔船进港，小小的港口已有不少人等待买鱼。等船员上岸后将渔获倾倒在地上，众人开始抢拿各种鱼鲜，理事公抢了两条黄鳍鲔与俗称炸弹鱼的鲣鱼，秤重后，付了钱，他用黑色塑料袋包好鱼，这就是我们的晚餐。晚上大家吃着鲔鱼生鱼片，以及切成厚块、只加盐煮成汤的炸弹鱼，鱼的味道很简单、很新鲜，对理事公来说这是日常生活的平凡味，对我来说却是最单纯的美味。

有天黄昏，我看到一个白发婆婆拄着拐杖，从部落走出来，爬上长堤，跟那只漂流木大羊一样，望着三仙台出神发呆。待了十几分钟后，又缓缓走下阶梯，回家去。在部落走动时，经常会看到一家老小坐在庭院吹风、吃晚餐，但也有不少老人独坐在庭院里，即使在夜晚，也保持同样的姿势，仿佛失去了翅膀的飞鱼。

从地图上来看，这个位于台东成功镇东北方的小岛，有如大海的泪珠，又像一条跃出的飞鱼，这条飞鱼很忧郁，就像比西里岸部落的海浪声，带着心碎的离人忧伤。法国的人类学大师克洛德·列维－斯特劳斯在他的成名作《忧郁的热带》中"郁闷的赤道无风带"一章写道："飞鱼飞向空中，其尾部轻打水面，身体由外展的翅带动，好像一片蓝色镜面上到处闪烁的银点。"

土地与大海是比西里岸海岸阿美人的双翅，双翼逐渐凋零，让这个闪烁的银点慢慢黯淡。部落许多孩子的父亲都不在家，有的是去跑船，有的在大城市当工人，或是举家移民到台北与桃园，一些孩子甚至中学毕业后就到北部工作。部落土地荒废了，不少山上视野良好的据点，也被财团收购，青壮年人孤守着这片海却无法养活一家人，只好远离家乡，进入别人的土地，航行于异国的海域。

留在部落里的中年人，每到飞鱼跃出的夏天，就开始忙碌起来。太阳越热，越是熏飞鱼的好时节。部落人会在夜晚出海捕飞鱼，保存一夜，早上开始处理飞鱼，先用剪刀剪掉翅膀，再用刀从鱼尾沿着鱼背剖开身体，一直开到鱼鳃，等到刀切到鱼骨时，会听到"咔咔"的清脆响声，摊开鱼身后，去除内脏与鳃，以及有时还会出现的一大条飞鱼卵，再用牙刷去除骨头边的杂质，接着用清水冲洗鱼身，最后浸泡在盐水中一小时。拿起盐水中的切好的飞鱼，展开的鱼身上两只圆圆的大眼与长长的身体仿佛透过镜子对映成了两条鱼，看起来既像猫头鹰，又像面具。用竹签穿

切飞鱼。

熏水针。

过飞鱼撑开的身体，用铁钩勾住鱼挂在竹竿上，在太阳下沥干一小时，接着就可以开始熏制飞鱼了。这道美食的重头戏就是用木头慢慢熏烤飞鱼十五个小时，负责人得彻夜不眠守着柴火，只为了成就一条风味十足的飞鱼干。

阿美人的熏飞鱼方式，不像兰屿达悟人只把飞鱼晒成干。阿美人的熏飞鱼会让鱼体保留一定的水分，再用月桃梗、漂流木或甘蔗梗来烟熏，之后可以吃鱼干配啤酒，或是煮汤、当炒菜佐料。

比西里岸小区就有五家飞鱼屋，材料与熏烤方式不同，风味也不同。我走到靠海的第一家普顿飞鱼屋（普顿是阿美语船长的意思），刚好遇到普顿处理好新鲜的飞鱼，正让飞鱼做日光浴。隔天中午过来时，遇到普顿的太太在熏飞鱼，烟幕弥漫又呛人，一条条飞鱼整齐地躺在木板上，木板底下大块的漂流木不断释放着烟雾包裹住飞鱼。普顿太太得每隔十分钟就让飞鱼翻面，翻完后休息一下子，又得起身继续。普顿带来一包煮熟的炸弹鱼块豆芽菜与白饭，当成太太的午餐。普顿太太问我要不要一起吃？我们两个就坐在一起，用手抓饭、抓鱼、抓菜，边吃边聊。隔天，他们改熏水针，他们说这是飞鱼的表哥，一长排摆放整齐、切成一块块的鱼肉，青蓝色的鱼骨特别艳丽，远望犹如一块块瓦片。

部落的第二家飞鱼屋叫"拿爱给你"（阿美语"那

❧ 剪飞鱼翅。

❧ 熏飞鱼干。

❧ 熏好的飞鱼干。

✿ 普顿太太吃午餐。

么好"），巷弄中的第三家飞鱼屋叫"阿哇沙杜"（阿美语"你怎么空手来？"），第四家叫"衣拉嘟"（阿美语"有啊，有带伴手礼喔"），部落尽头的飞鱼屋则是"沙乃旗玛"（阿美语"谁说的？"）。我在"衣拉嘟"看到了用月桃梗熏飞鱼，旁边住家有两个婆婆正在清理飞鱼内脏，她们将鱼肠的杂质捏掉，把鱼头、鱼鳃与内脏装在一个盆子里，加入盐巴与米酒帮助发酵，经过一个月之后，颜色呈深咖啡浓浊状，被称为阿那度。阿那度看起来不甚美观，却是海岸阿美族的调味圣品，可以拌饭、拌汤，增加风味。我在部落吃过用阿那度的鱼肠做的汤。将阿那度鱼肠放入汤中，搅拌一下，加点葱姜，汤会更鲜甜。生吃阿那度鱼腥味很重，味道也咸，却很下饭。

这种日常生活的味道，对我来说都是味蕾的冲击。阿美人也喜欢吃腌猪肉，称为 Silaw，提到 Silaw，阿美的朋友个个眉开眼笑。制作 Silaw 可不简单，有时比西里岸的人还得准备好猪肉，拿去外头请专家腌制。一个朋友曾尝试自己腌 Silaw，但她的手心会冒汗，可能影响了腌制，打开封盖时，因为太臭，所有人都跑掉了，腌肉里甚至还长了虫。

另一位朋友金兰，阿美语的名字叫法鲁桂（意思是像地瓜或稀饭一样的美味），她自己做 Silaw 就很有心得。先用粗盐腌生肉，用力搅拌之后，放置一周慢慢发酵，倒掉出水后的血

水，重新抹盐，再放入米酒，一个月后就成了美味的 Silaw，因为阿美人喜欢丰厚的油脂，Silaw 都以带点儿瘦肉的猪皮脂肪来腌制，也有人喜欢做排骨 Silaw。每个地方的做法不同，例如住在池上的恒春阿美人，会用刚刚蒸熟的饭，加入盐巴，一起放入瓮中帮助发酵。

✿ 艳阳下，晒飞鱼。

　　阿美人称糯米饭为 Haha，制作时可以加入芋头或红豆与糯米一起蒸熟，上山工作时，带着 Haha，再带一罐 Silaw 或阿那度，就能饱餐一顿。Silaw 是让我很难忘的食物，味道带有醉人的香气，煎过的 Silaw 配上肥美的油脂，蛮像客家咸猪肉，但带着一点酒香，生的 Silaw 更好吃，这种腌制发酵由生转熟的味道更野性，切片之后，黄澄澄的模样，远看像一盘菠萝，脂肪非常肥嫩滑腻，粉红色的瘦肉也很有嚼劲，配着热腾腾的 Haha，吃下肚有一点点灼热感。

❀ Haha 糯米饭

❀ 制作阿那度，其貌不扬的它可是部落的调味圣品。

宝抱鼓，鼓动青春

鼓声、歌声、舞蹈与笑容，为部落带来传承的力量，
犹如追逐黑潮、生生不息的飞鱼。

　　比西里岸的传统生活，这几年也起了很大变化。五年多前，因为有孩子把定置渔网的废弃浮筒切开，加上羊皮，拿来打鼓自娱，慢慢聚集了更多孩子，于是小区发展协会理事长春妹，就鼓励孩子课后到协会练打鼓、上网，孩子们也不再到处乱跑；再经过众人的协助，终于有老师来教孩子打鼓，并排练各种曲目。因为阿美人称浮筒为PawPaw，于是小区成立了宝抱鼓乐团，在部落演出，后来也在台湾各地，甚至海外表演。同时也有艺术家思考如何找回比西里岸的特色，就跟喜欢工艺的理事公、族人一起合作，用漂流木打造一只大羊，放在长堤上，成为部落的象征。族人慢慢找到自信，开始用漂流木制作各种羊，摆放在部落各个角落。

　　宝抱鼓乐团的成立让孩子获得了肯定，增强了学习的动力，小区还建立了一个奖金制度，一部分交给孩子的爷爷奶奶买菜，一部分则是孩子每个月的零用钱和就学存款，就学存款用于鼓励他们升学，等到高中毕业后才能提领。宝抱鼓有七千克重，孩子背在身上，不断敲打，肩膀经常会练习到破皮流血，手上还会结满厚厚的茧。十五岁曾去台北打工，十八岁回乡读高中，也加入宝抱鼓担任团长的Suwan，去年入伍当兵，最近快退伍了，原本母亲希望他留在部队当职业军人，求个安定生

✿ 外界对宝抱鼓的肯定，让孩子投入练习，享受演出的乐趣。

活，但打鼓让他找到自信，他决定回归部落重建家园，找回失落已久的文化。

宝抱鼓的鼓身绑着艳丽的红黄绿丝带，表演服装也是这三种色彩彼此交织，这是海岸阿美人的三原色，象征他们的文化与骄傲，我们在用漂流木、渔网与麦饭石打造的比西里岸文化中心（又名 PawPaw 之家），欣赏这群孩子的演出，激昂的鼓声、整齐一致又活泼的表演，传递出大海的温柔与澎湃，孩子们自信活泼的神情，跟平常的害羞模样大不相同。

鼓声震撼了我的内心，一首呈现海浪与砾石声音的曲目，又那么温柔低回，让我想起早晨在海岸线行走的感受。其中一首流传多年且非常经典的《马兰姑娘》，女孩用干净温柔的歌声诠释坚固的柔情，歌词是"父母亲大人！请你们同意我俩的婚事，我俩是情同意合，海枯石烂永不渝，若不能得蒙许，我将横卧在铁轨上，让火车辗成三段。"我也看过三个男生打赤膊，结合阿美人舞蹈与青少年街舞的勇士之舞，眼神剽悍专注，身形健美利落，翻身、蹲下、弹起、振臂挥拳，像追逐飞鱼的鬼头刀那样凶猛，又像振翅飞行的飞鱼那样轻盈流畅。

鼓声、歌声、舞蹈与笑容，为部落带来传承的力量，犹如追逐黑潮、生生不息的飞鱼。我想起村上春树的《海边的卡夫卡》，乌鸦告诉主角田村卡夫卡，要做全世界最强悍的十五岁少年，这群海边的击鼓少年，同样努力以温柔且强悍的声音，证明自己的存在，"要说什么是有意义的，只有我们是从什么地方来的，要去什么地方而已。"村上春树在《海边的卡夫卡》写道。

许多部落的年轻人已不太了解比西里岸部落的历史与文化，Suwan说自己的身上流着原住民的血，一定要了解血脉的意义，他的哥哥阿照，也放弃了台北调节灯光音响的工作，返乡到小区的厨房学习做菜，杀飞鱼，去潮间带采集食材，一切从头学起。那天傍晚我们在海边烤肉，烤海胆，生吃俗称轮胎苦瓜的野茄。野茄个头很小，像绿色小西红柿，清苦却回甘，这些都是阿照跟伙伴搜罗而来的食物。

现在连绘本作家几米的作品也来到部落，《走向春天的下午》这部作品说的是小女孩与小狗阿吉，遵守跟好友的约定，出门历险探访好友的父母。小女孩跟阿吉的身影，就由部落孩子与艺术家一起彩绘在巷弄的墙面上，引导旅人去认识部落生活，像蝾螺海女的家、普顿船长的家，外墙就彩绘了几米的作品，一个原本只剩围墙的废墟，画上舞动的羊群之后，也重新修建变成民宿。曾有一个醉汉将一幅几米壁画涂掉，附近开早餐店的大姐觉得很可惜，就在她的早餐店旁边，画上小女孩与一只狗，只是这个女孩是阿美人，皮肤比较黑，小狗也是部落的黑狗，反而呈现了另种趣味。

宝抱鼓的出现，仿佛带来了喜神的庇佑，各种惊喜不约而同地出现在了这个小渔村。小区开始积极经营属于自己家乡的风味餐，除了像张翅起飞的炸飞鱼、海女的蝾螺、大星笠螺、海菜这些最新鲜的海味，还搭配了飞鱼干春卷，这是用豆薯、红萝卜、青菜、豆芽与小黄瓜，加上现炒的飞鱼干松包裹而成，飞鱼干的香气与鲜甜蔬菜交融，容易入口。部落还能体验搭配捣麻糬（阿美语"杜仑"），这是两人用木杵轮流互捣 Haha，捣成又热又黏又绵密的麻糬，配上花生粉当甜点，或是配上 Silaw 来吃。小区妇女也开始制作吐司面包，配上起司、撒上带着清香的刺葱，惊喜的是面包内还涂了切成小丁的 Silaw，让起司香、刺葱香与 Silaw 的淡淡酒香彼此结合。

🌸 由左至右为风味餐，炒 Silaw 配洋葱，大星笠螺。

🌸 由左至右为杜仑，飞鱼干春卷，Silaw 刺葱起司面包。

　　有了漂流木的羊群，还有理事公与族人用漂流木制成的几米作品里的兔子（用了一万根漂流木钉制而成），再加上巷弄里几米的插画作品，整个部落就是一个美术馆，配合宝抱鼓嘹亮的鼓声与歌声，比西里岸展现出一种无比的活力。

　　最难忘的还是比西里岸的夜晚，我常遇到宝抱鼓的团员、部落的孩子在文化中心前面弹吉他、唱歌、溜滑板、烤肉，有人闲聊，有人唱歌，轻拍着宝抱鼓，吉他换来换去，弹奏不同的曲子与心声，有欢乐有忧伤，有向往有茫然，但至少他们还住在家乡，拥有做梦的权利，找寻生存的意义。

坐在长堤上，听着隐约的鼓声，前方三仙台升起的月光将海面映成月之海，天上满布闪烁的星星，海上渔火点点，那是即将返航的飞鱼船。黑夜中，那只漂流木大羊还是直立昂首，守望着部落。

明天，部落又将洋溢着熏飞鱼的香气。

村落偏僻的角落，放着漂流木做成的兔子。

如果你想品尝比西里岸人的美食
比西里岸住宿、风味餐、导览体验与宝抱鼓表演请联系当地小区发展协会
台东县成功镇白莲路 260 号 0915777124 或 0988353122

池上人
的餐桌故事

台东池上，台湾最梦幻的米乡，我最喜欢晨跑的地方。

清晨，我在池上农田小径慢跑，眼前是广阔的田野，

只有中央山脉与海岸山脉和我的视线对望。

完全没有电灯与电线杆遮蔽的农田，随着地形起伏，

大地如画布，夏天是随谷风摆动的金黄稻浪，

秋收后是衬着白云蓝天的如镜水田，

有时还会与从海岸山脉垂降攀爬过来的云瀑相遇。

边跑边呼吸稻香，眼睫随时调动自然色彩，

这大概是全台最华丽的慢跑路线吧！

除了看到农人在巡田水、弯腰种菜，

还会发现不少稻田都立个牌子，

上面写着农人姓名、得奖记录，还有短短的种田哲学，

我经常停下来端详牌上的信息，

每个字句都传达着农人的自信与骄傲。

一摊摊早餐，一个个故事

早晨的池上菜市场很热闹，市场小小的，许多菜贩都坐着聊天。

　　有天晨跑经过一个巷弄，一户平凡的住家，招牌写着"大池"，大门内堆满木头，心想这不就是当地人推荐，常常得提早预订，全台东知名的"大池豆皮"吗？看起来却不太起眼。其实这家店本名"天池"，因为年久，招牌上的"天"字上头的那一横笔画退色，变成了大池，后来大家就都习惯称它为大池豆皮。

　　我看到里面有一对年轻夫妇在高温的空间中工作，尽管汗流浃背，却安静专注。他们以烧柴的蒸气煮豆浆，再从豆浆表面轻柔捞起一张张薄如纸的豆皮，挂在架上晾干。一位伯母探头出来，用浓浓的客家口音询问来意，难得有外地人进来，她很开心地跟我聊天。他们姓曾，每天凌晨三点多起来备料，一直工作到中午，这样已经工作四十年了，现在由第二代接棒，老夫妇还是日日早起协助，没有偷懒放松。

　　曾妈妈问我吃过早餐了吗？我摇摇头，她说要煎豆皮给我吃，我当然求之不得。只见她在刚晾干的新鲜豆皮上抹一点儿盐，放在锅里煎一下，撒上香菜，再对折，两面翻煎，煎到有一点点焦黄时就起

❀ 大池豆皮

❀ 散发豆香，带着淡淡甜味的煎豆皮。

锅。豆皮又香又烫，靠一点点盐就带出了豆子天然的淡淡甜味。曾妈妈又问我要不要喝豆浆、吃豆花，我猛点头，豆浆、豆花的味道很香浓，曾妈妈说，每天产量有限，各家民宿都须事先预约才有。

戴着老花眼镜的曾伯伯也走过来聊天。我问曾伯伯是哪里人？因为池上的居民以客家人与阿美人为主，几乎都是从外地移居来此打拼，我听出他们的客家口音，很好奇他们的故事。老家在苗栗的曾伯伯，听到我的问题，霎时陷入回忆中，故乡的田在"八七"水灾时被洪水淹没，原本从事照相工作的曾伯伯，只得跟着祖父与父亲背井离乡，到东部另谋生计。他们落脚池上，开始养猪、种田，也从家乡带来制作豆包、豆皮的手艺，以此维生。他轻叹口气："我以前很喜欢照相，但已经很久很久没照相了。"突然发觉，我刚吃下的香嫩豆皮，清香中包裹着曾家四十年的沧桑岁月。

早晨的池上菜市场也很热闹，市场小小的，许多菜贩都坐着聊天。旁边有家早餐店，当地朋友向我推荐他们的饭团。早餐店的老板叫陈仔，我点了一个饭团后，陈仔从冒着热气的木桶盛饭出来，放入肉松、酸菜与油条，再用一层饭轻轻盖上去，没有大力揉捏，松松软软的，入口则呈现出米粒的层次与嚼劲。池上米做的饭团，即使配料很平凡，光是米饭香就让我惊艳感动。

陈仔是云林虎尾人，十来岁随家人移居池上，长大后一开始从事营建工作，娶了来自新竹香山客家籍的太太，想要稳定下来，才选择开早餐店。他们开业三十多年，每天下午四点切菜、配料，晚上九点先将池上米浸泡六小时，清晨三点半起床准备，四点半再用大火将糯米饭蒸熟，五点半准时开店。

菜市场还有一个卖碗粿、麻糬的阿婆，自制的碗粿看似普通，但用的是池上米，菜脯是自己腌自己炒的，加入一点儿酱油，口感很扎实饱满。麻糬、九层粿也是她亲手做的，都是用池上米，每天只做固定的量，来晚了就买不到了。

碗粿阿婆隔壁是一个卖肚脐柑、九十岁的彭阿公，他亲切地招呼我，不断切肚脐柑、百香果让我试吃，味道不是一般市面上没个性的甜，而是酸中带点儿微甜，滋味清爽。来自新竹北埔的彭阿公身体清癯硬朗，笑容满面，每天都会推着木板车载他种的有机水果来卖。会讲日语的他，本身就是一个故事。年轻时他曾被日本征

❀ 彭阿公肚脐柑

❀ 陈仔饭团

❀ 四处卖菜的阿婆

兵去南洋打仗，九死一生返回台湾后不知道能在家乡做什么，于是决定去东部闯天下，最后就留在池上务农、卖保险、开杂货小店。他退休之后也没闲着，转做有机栽培，种的水果半卖半送，真诚与乡亲分享。

他也是作家刘克襄到池上旅行时邂逅的朋友，刘克襄写了一篇文章《最后的日本兵》，就是写彭阿公的故事，他还在《遇见一个美好的小镇》一篇描写池上的文章中，说种柑橘的彭阿公因为生活惬意，卖果物只为了快乐，"这就是池上人，有梦想在支持的小镇。"

用池上米做的陈仔饭团（左）与市场碗粿（右），平凡的外表下尝得到米粒的层次与饱满的口感。

新开园，新天地，梦幻米

不论是"新开园"，还是"池上"，都代表这片土地年轻多元的活力。

这个梦想小镇，最早的名字叫新开园，不断地牵引各族群来此筑梦。清代道光年间，从台南玉井盆地迁移到高雄甲仙、六龟的大武垄平埔人，部分族人再沿著浓溪流域溯溪而上，翻越中央山脉，深入布农人的势力范围，一路上得防范强悍的布农人袭击，或是请他们协助引路，最后沿着新武吕溪抵达池上，开始经营这个新开垦的园地。

🌸 以产"米王"著称的万安小区。

另一支筑梦队伍则沿海而至。一八七五年左右，住在恒春半岛的恒春阿美人长期受到排湾人、汉族人的排挤压力，各个家族也决定北上找寻新天地。他们沿着东海岸而行，先到台东、鹿野，发现耕地已被开发，又有布农人的威胁，最后来到池上。他们看到大坡池这个天然的内陆湖，见湖中水源充沛，湖四周的土地松软肥沃，适合耕种，且水中鱼虾充足，又有海岸山脉与中央山脉环绕，是个打猎捕捞的理想环境，决定不再漂泊。一直到日据时期，恒春阿美人仍陆续迁移池上，他们与平埔人和谐相处，一起拓垦新开园，也共同防范中央山脉布农人的袭击。

日据时期，许多西部桃竹苗客家人也往东部发展，尤其在一九二六年东线铁路全线通车之后，西部移民的迁移变得更加便利了。不少北部客家人从基隆、苏澳搭船到花莲，在花莲纵谷从事樟脑垦植，等到樟树被砍伐殆尽，土地开发饱和，再沿纵谷南下，在池上、关山与鹿野落脚。就像池上万安的魏家庄，就是一九三二年新竹人魏阿鼎带领兄弟来到池上建立的聚落。一九五九年西部发生"八七"水灾，受灾户高达三十万人，土地流失了三万多平方千米，这更加重灾民往东部移动，池上这时再度吸纳了不少西部移民。

不论是"新开园"，还是"池上"，都代表这片土地年轻多元的活力。从地理上来说，这里原本就是充满变动之处。花东纵谷是欧亚大陆板块与菲律宾海板块交会挤压陷落的峡谷，又隆起了中央山脉与海岸山脉，池上就位于两座大山以及秀姑峦溪与卑南溪两条大溪之间，加上有个每年会位移三厘米的断层带，被地质学家称为全世界移动速度最快的活动层，断层带的凹陷处，吸纳新武吕溪冲积扇的涌泉，附近溪水的汇聚，以及周围农田排水的注入，形成了大坡池这个断层湖，也成为秀姑峦溪的源头之一。

池上日晒少，昼夜温差大，有海岸山脉冲积下的黏土，加上高山环绕，云雾不断，水气饱满，水质干净，让池上稻米拥有绝佳的先天优势。像池上最早开发、紧靠着海岸山脉的万安小区，就连续出现过三届台湾地区稻米质量竞赛冠军，拥有三个"米王"。

因为断层的影响，池上容易地震，因此花东铁路避开了原本平埔人与阿美人聚集的老村落，让池上平原成为花东纵谷唯一没有被铁路切过之地，加上农民坚持不装电线杆与路灯，防止稻子夜间受灯光影响，无法正常生长，三百平方千米的稻田，除了小房子、土地庙之外，没有任何遮蔽物，维持了天然壮阔的景观。而且池上位于纵谷最高点，居高临下，稻田层层叠叠如浪起伏，绿浪、金浪、水镜映天、季节轮替的池上风景，成为东部绝景。

天时地利加人和，让池上成为台湾省少数打出品牌名号的乡镇，池上饭包、池

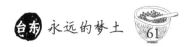

上米都拥有全省的高知名度。二十世纪四十年代，池上是花东铁路的中继站，旅人到此都已饥肠辘辘，来自台北三重埔的移民李阿妈，以月桃叶包裹饭团卖给旅客，里头有卤肉、黄菜头、猪肝、炸虾饼与梅子，成为旅人的最爱，池上饭包也带动了池上米的知名度。

但是后来整个台湾地区都卖起了池上米，上百种仿冒品牌占据了主要市场，而真正的池上米却没有在市场销售。池上全乡开始打击仿冒品，且粮商也开始进行稻米分级收购与比赛，通过地方农民的集体力量，农会与乡公所也加入合作，让池上米于二〇〇三年底彻底成为台湾地区唯一经过公信部门检测认证的地区标章，甚至已经外销日本。

池上米就是有自信，它蕴含了土地的精华，纵谷的风雨与农人的辛勤。难怪池上农夫说，他们去西部吃饭都不习惯，还想带米去旅行，请餐厅煮池上米来吃，因为光吃饭就很香甜。

新移民，新故乡，真滋味

真实又梦幻的当地食材组合，让旅人尝到池上的真滋味，每口都是感动的满足。

　　池上人不高声谈梦想，却充满自信与行动力。但是之前我一直有个疑问，多家池上便当店的饭粒稍干硬，食材也并非就地取材，看不出地方特色。高质量的池上米，这位娇媚可口的女主角，怎么可以没有男主角与其他好配角来搭配呢？如何借由池上便当来了解池上风土呢？

　　秋菊帮我解答了这个疑问。秋菊是中学校护，也是地方导游解说员，有一次她去便当店接旅客，发现客人们拿着没吃完的便当走出来，他们反映没有什么青菜，肉太油腻，要带回去喂狗。重视健康的她，决定帮助旅客设计营养又有当地特色的池上便当。

　　除了池上米，秋菊选用池上的南瓜、茄子、龙须菜与大池豆皮，还有养在山上，吃玉米、青菜与菠萝的放山鸡，放山鸡鸡蛋做的荷包蛋，加上邻镇的关山猪，

秋菊兴办经营的用池上米与当地食材组合而成的“秋菊便当”。

再请自助餐店以少油少盐来烹调，最后配上一颗开胃的池上酸梅。这个真实又梦幻的组合，能让旅人尝到池上的真滋味。她接待旅客都会先预订特制池上便当，连客人要去花莲富里开会，也会请秋菊订便当送过去。

有一次，我邀几个朋友来池上玩，请秋菊帮忙订池上便当。略微疲惫的旅人，猛盯着便当盒盖瞧，不知道里面到底是什么模样？我先请秋菊讲解梦幻便当的起源，说完之后，我说"开动"，饥肠辘辘的旅人们急忙打开便当，"哇！""哇！"的惊讶声此起彼落，有人拍照，有人大口咀嚼，每口都是感动的满足。

秋菊是嘉义人，调来池上工作，协助处理学校的营养午餐，竟发现煮过的油都胡乱倾倒，她制止后，寻思如何解决废油问题，发现原来废油可以做皂，她开始学习做皂，有了心得，决定创业。她在皂中加入当地元素，例如米、蜂蜜、东部才有的罗氏盐肤木花粉，她会教旅人手工做皂，甚至还采大坡池的荷叶，教旅人包饭团。从废油到便当，秋菊不只是学校护士，还是一个用便当与香皂说故事的人。

这里还要介绍的一个朋友是返乡创业的彭明通。他的父亲是平埔人，母亲是阿美人，原本是运动高手，打拳击与网球，曾入选汉城奥运拳击储训队，还是服装设计师，因为忙于事业，身体出现问题，决定结束事业返乡。他喜欢蜡染的艺术创作，又喜欢喝咖啡，就在老家附近一九七县道旁4.5千米处的老平房，用艺术品、石头与花草，打造了一间"4.5咖啡馆"。

彭明通身材高大，黝黑俊秀，留长发，头发总是用蜡染头巾包得密密实实的。他常常不在

做蜡染的彭明通。

家，每次离家他都会在吧台边画下煮咖啡的流程，客人可以自己磨豆煮咖啡，但可爱的客人怕钱会被人拿走，总是藏在吧台各角落。即使如此，彭明通也常常会忘了钱被放在哪个地方。

老房子的角落，有一处放着摇椅，旁边堆着木头，还有石头堆砌的炉子，吊着一个大茶壶，柴火上烧的是普洱茶，总是缭绕着白烟，客人喜欢围坐在这里发呆、沉思与聊天。对彭明通来说，喝咖啡是为了交朋友，艺术创作才是他的生命。他喜欢用"囬"（"回"的古字）作为艺术图饰，除了回家，还是彼此绵绵不绝、生生不息的意思。我好奇打拳跟艺术创作如何合一，他说，打拳看似流汗激动，其实内心很平静，画蜡染看似平静，内心却很激动，需要耗竭心力。

❀色彩缤纷，爽口开胃的什锦色拉。

除了特地搜罗的台东本地咖啡，吃素的彭明通还能做几道精彩的料理，比如加入当地各种野菜的汤面，以及淋上南瓜打成的酱汁，摆入各样鲜艳水果的什锦色拉。沿着咖啡馆二楼屋顶走上去，背对着海岸山脉，眼前是辽阔的中央山脉与池上平原。有一次我看到云瀑从海岸山脉悄悄地爬过来，慢慢弥漫，海岸山脉瞬间白了头。这里还有一项夜间活动，在二楼看星星，配上夜间才有的小米酒咖啡，那是属于阿美人灵魂的骚动夜晚。

在产米王的万安小区，我遇到农夫阿翔。他每天穿着破破的T恤，不是带镰刀下田，就是抱着女儿开拖拉机整地。来自台北大稻埕、身形高壮的他戴副斯文眼镜，原本是修飞机的工程师，但不喜欢处处受局限，转去餐厅工作，最后变成欧式料理主厨，人称翔师傅。因为在厨房吸入过多油烟，身体不适，决定离职，带妻女环岛旅行，在池上拜访朋友时，无意间发现这里空气清新，让他郁积的肺病不药而愈，便决定留在池上，刚好万安小学还有一个名额，于是立刻就帮女儿办了转学。

一开始他租了三分地学种田，每天早上出门，却发现农夫正要回家，被农夫取笑到底是上班还是下班，才知道聪明的农夫都是半夜三点工作，才不会太热。菜鸟的他，常得半夜带镰刀巡田水，否则都会被别人截断，不武装自己，就会被欺负。他第一次种稻子，收成时激动不已，因为产量少，无法使用烘干机，他就自己晒谷子，还要定时翻谷子，日正当中，累得流鼻血，还差点儿昏倒。从餐桌到产地的体验，让他对食物有了更深的体悟。

七月初，一季稻刚收割准备进行二季稻的播种。插秧前，农人得先去苗圃买秧苗。清晨六点我与阿翔、阿翔的女儿一起去苗圃卷秧苗，绿油油的秧苗像小麦草，感觉很可口，我们将一块块如地毯般的秧苗卷起，扛上货车，送到田里准备插秧。田里的插秧机将一片片秧苗植入水田中，水田里好像站满了绿色小兵。阿翔跟女儿站在田埂上认真地观看，仿佛是在祈求秧苗顺利地长大，这对皮肤黝黑的父女看起来已不像台北客，而是地地道道的池上农。

台北来的农夫阿翔，正在搬运一卷卷的绿色秧苗。

🌸 阿翔与女儿。

阿翔那令人惊艳的手艺也没荒废。他在大家族长大，经常在厨房看长辈做料理、办酒席，喜欢一家人聚在一起吃饭的气氛。他常邀朋友来池上家里吃饭，熬了鸡汤，要我舀出鸡油，淋在白米饭上，去品尝米饭单纯的滋味。或是用猪胛心肉、绞肉，以及含皮的猪油渣一起熬煮成肉臊，要我细细感受肉臊与米饭融合的口感。

阿翔在门口烤肉，我们则坐在田边栏杆上吃肉、吹风、喝啤酒，鼓励他开个特色餐厅。有一次我带几个朋友来找阿翔，跟他预约晚餐，大家看到阿翔开拖拉机的模样，而他家的外观也很零乱，不由得怀疑起了这位传说中的大厨。晚上来到阿翔家，由于没路灯，马路上暗暗的，大家都没什么安全感。当我打开阿翔家的大门，他们看见里面是一张大长桌，空间很干净，餐具、酒杯摆得整整齐齐，微黄灯光充满欧式餐厅的优雅气氛时，大家"哇"的一声，霎时都有了胃口。

那晚，吃烤牛肉、猪肉、鸡油白米饭、帕玛森芝士松露炖饭，喝着鸡汤，吹山风，闻稻香，笑声荡漾，阿翔厨艺如春风，安抚了众人的胃。

没多久，阿翔就在家里开了慢食家宴餐厅，用他种的米、左邻右舍的食材，以款待家人朋友的心情，一天只接一组预约客人。他的新菜，完全以米食为核心。第一道和风芥末酱淋过山猫，第二道可乐丸子是用香酥米粒包裹马铃薯与猪肉的可乐饼，接着是用梅汁与豆瓣酱炒的龙须菜，再来是利用隔夜饭，加上培根、当地芦笋与初鹿牧场鲜奶，用果汁机打细再熬煮的米浓汤。

阿翔的主菜是米饭，叫作米饭三部曲，先吃白米饭，再淋卤肉拌饭，接着吃炖饭。炖饭是先用烤箱将米饭烤得半熟，加入鲜奶油、西红柿、帕玛森芝士与洋葱，用橄榄油一起拌炒，再放入鸡肉高汤与饭一起炖煮，让米饭吸饱高汤的香气，口感粒粒分明，毫不含糊。阿翔的烤肉也很细腻。叫杀千刀的猪排，他会用针不断刺穿猪肉的筋膜，来来回回上千次，只为了让口感更加松软滑腻。

在厨房的阿翔，总是挺着圆肚、手叉腰，自在悠闲地烹制食材。在餐桌上，他又能对食材、土地和生活侃侃而谈。他希望池上米成为让人珍惜的奢侈品，大家好好吃饭，农夫才会认真种米。万安小区除了出米王，现在也有一个厨王了。

阿翔的家宴料理，由左至右为可乐丸子、炖饭、米浓汤。

背离大海的恒春阿美

像是聚宝盆的菜吃也吃不完，眼前缤纷热闹的阿美人餐桌，
就是一道道池上的山川风土。

❀ 马渊东一之墓

除了新移民、本地客家人之外，池上阿美人也是开垦池上的先驱（像万安米王林龙山、林龙星，都具有阿美人血统）。我去拜访大埔村的阿美望族高家，因为听说知名日本学者马渊东一的骨灰就葬在高家家墓。在台十八年的马渊东一，他的人类学研究影响台湾原住民研究甚深，甚至连过世的金融家、原住民研究者林克孝撰写的《找路》一书里也提到，马渊东一的骨灰葬在台东某处，他很好奇究竟埋在何方。

提到马渊东一，接待我的高妈妈就像提到家人般熟识亲切。她带我去墓园走走，高妈妈指给我的马渊东一的墓碑上面却刻着马耳东风，意思是不值得一提。马渊东一幽默风趣，一九八八年过世前提醒家人，要把他的部分骨灰葬在台东池上高家家墓，也留下马耳东风这句话作为墓志铭。

高妈妈解释，马渊东一在台东进行高山原住民的田野调查时，常会路过池上。一九三九年，无意间认识了她的伯父高邦光，高邦光是学校老师，学识渊博，日语娴熟，经常陪马渊东一去中央山脉各部落访察。每次马渊东一从台北到台东，都会

先住在池上高家做研究、整理资料，再进入高山部落。

这份跨国友谊一直延续到现在，马渊东一的儿子马渊悟，也是一位人类学者。他经常带研究生来池上，有时也有日本人来参拜马渊东一的墓。高妈妈突然指着地上的一个小石块说，马渊东一的骨灰其实埋在石块下，因为担心有人破坏他的坟墓，才做了一个假墓碑。

看完墓碑，解了心中疑惑，高妈妈对我说，等一下有个小区阿公阿妈练舞时间，邀我来看看。我心想老人家跳舞有什么好看？但不好意思推辞。只见一大群老人坐着聊天，笑称舞团是千岁人瑞团。一会儿，一个绰号"舞棍"，很会种田、又会唱歌跳舞的胖阿婆坐在椅子上，气定神闲地边摇扇子边引吭高歌，声音清脆嘹

热情的阿美千岁人瑞团。（吴致远提供）

上：月桃叶包麻糬
下：炸南瓜与地瓜

亮，众人立刻手牵着手，跟着摆动吟唱，我感动得鸡皮疙瘩全部都起来了。一名白发老人带领大家舞动，歌声越来越激昂，众人轻缓的舞步也跟着热烈起来，忽快忽慢，忽强忽弱，很有节奏感。十分钟的舞蹈，众人大汗淋漓，我内心还激动地扑扑跳，这群老人的能量让我震撼不已。高妈妈说，歌曲是谈恒春阿美人如何从恒春迁来池上，在大坡池看到丰富的鱼虾与沃田，决定停留的故事。

　　隔周，在一个族长家的庭院里举办晚宴，桌上摆满了各种食物，除了传统阿美人的腌猪肉、竹筒糯米饭、炒田螺外，还有各种野菜、藤心排骨汤、炸溪鱼、白斩鸡；以及将南瓜跟地瓜蒸熟、拌在一起再油炸，口味很香甜的食物，还有用竹筒煮的牛肉汤等将近三十道菜。桌上的菜像聚宝盆，越吃越多，吃也吃不完，长辈还怕我饿着，频频询问要不要再加菜。我不断畅饮小米酒，时不时被长辈拉起来跳舞，他们看似年长，却像年轻人一般充满了热情与活力。

　　晚宴的最后一道菜让我最难忘。这是阿美人的石头火锅，是把长辈去溪里抓的鱼、虾、螃蟹放在铁锅中，再丢入烤得滚烫的石头，"轰"的一声，锅内瞬间便冒出浓浓的蒸汽烟雾，鱼、虾、螃蟹没多久就熟了。我已经忘了到底好不好吃，但是那轰然一声的气势，粗犷生猛的气息，早已炸开了我的味蕾与想象。

即使已经在丰饶的池上定居了好几代，但是阿美人仍没忘记岛屿南方的老家。他们曾返回恒春旧部落寻根，家乡也还有族人居住，但他们已不太会说阿美人的语言，反而能讲流利的排湾语跟闽南语，因为已被强势族群同化，找不回自己的母语了。一位躺在床上的年长族人不断流泪，喃喃诉说着残留的回忆。

突然发觉，眼前缤纷热闹的阿美人餐桌，就是一道道池上的山川风土。他们震撼的歌舞，仿佛是当年带着孤绝毅力的先祖牵着老父老母、背着孩子，一路寻寻觅觅，抵达池上之后内心涌现的欢呼喜悦。

背离了大海，却遇到了永远的梦土。

如果你想品尝池上人的美食

- 大池豆皮店 台东县池上乡大埔村大埔路 39-2 号 (089)862392
  （现在已有供应早餐）
- 陈仔豆浆店 台东县池上乡新生路 98 号
- 秋菊皂坊 台东县池上乡仁爱路 191 号 (089)861172
- 池上乡解说员协会 可以找他们进行游览解说或行程规划
  （当然还可预订特制池上便当）(089)865340
- 4.5 公里咖啡 台东县池上乡富兴村 3 邻 33 号 (089)863693
- 王群翔慢食家宴 台东县池上乡万安村万安 1-9 号 0935284305

骄傲的内本鹿之歌

我走进山脚下的杂货店，买一包槟榔、一瓶米酒，

和几个朋友开车上山，

一路蜿蜒，路越来越窄，越来越陡，

有时会出现让人迷惘的岔路，

几番尝试，最后却无路可走。

鸾山森林博物馆到底在何方？连个指示牌都没有，

最后只剩一条狭隘的石子路，

尽管充满疑惑，只能勇往直前。

一路颠簸一路惊疑，没想到经过两棵大树后，

路况顿时豁然开朗。

前方不远处有个戴迷彩帽、左手握腰刀，

伸右手对我们打招呼的矮壮中年人。

"入口在每个人心中，只要你慢慢找，一定找得到。"

他是阿力曼，鸾山森林博物馆的主人。

他似乎早已习惯旅人的疑惑。

猎人舒跑，会行走的树

我们围着炭火边聊天边烤肉，喝着阿力曼说的猎人舒跑，
这是以土肉桂、甘蔗与老姜熬煮的茶，淡淡的甜，配上姜的辣香，
让布农人在山中狩猎时能解渴、提振精神。

这里没有雄伟的建筑或一般博物馆该有的规格，却是充满惊奇的地方。台东都兰山上的延平乡鸾山部落，布农人称之为"Sazasa"，意思是甘蔗长得高、动物活跃、人活得很好的地方。

🌸 白榕森林的土质很黏，孕育一切生命。

阿力曼领着我们走入森林，这一大片约有两百棵以上长满气根的白榕树，彼此连绵不绝，每个硕大无比的气根犹如树干那么粗大，阳光只能透过相连枝丫的缝隙微微探头。这里的场景有点儿像电影《魔戒》的森林，或者电影《阿凡达》里潘多拉星球的翁郁森林，充满秘密，跟时间一样古老。

一开始从海拔一两千米的地方迁移来此的布农长辈们，过去在深山家乡看到的都是直立挺拔的针叶林，初来乍到海拔只有三百米的都兰山低海拔区域，很讶异于这里的树木。白榕树好像长了脚，或像是拄着拐杖，就像是从山上走下来的树人，于是这一带就被称为"会走路的树"。阿力曼要我们进入森林之后全程保持安静，他不用麦克风破坏环境，但声音洪亮的他，在静谧的林中反而分外温柔。他突然大吼一声震慑住我们，原来这是在模仿山羌的叫声。他弯下腰拾起泥土，说这里的土质很黏，可以孕育一切生命。

会走路的树。

　　走出白榕森林，来到布农人传统的茅草屋，族人用竹子刺穿事先以糯米酒、马告（山胡椒）腌过的山猪肉，我们再围着炭火边聊天边烤肉，喝着阿力曼说的猎人舒跑，这是以土肉桂、甘蔗与老姜熬煮的茶，淡淡的甜，配上姜的辣香，让布农人在山中狩猎时能解渴、提振精神。茅草屋里悬挂着香蕉，饿了可以摘来吃。经过十多分钟的熏烤，山猪肉已经冒出油，滋滋的声响中散发出诱人的香味。山猪肉肉质很嫩，夹杂着淡淡的马告的清香，也许这就是猎人梦寐以求的滋味。

　　我们走进另一处用茅草、木头搭建的亭子，这是布农人的祖灵屋，里面摆放着各种动物的头骨。我们把槟榔放在大石头上，将米酒倒在石上的三个竹杯里。阿力曼说布农人进森林前，都会先跟山神沟通致敬，米酒与槟榔就是入山打招呼的信用卡。他带领大家跟山神打招呼，希望他同意我们进入森林，并祝福旅人健康平安。

猎人舒跑。

　　离开祖灵屋，就进入了森林博物馆的核心地带。一开始

围着炭火烤着用糯米酒与马告腌过的山猪肉。

就是一个大陡坡，得抓着绳子、稳住重心，一步一步向上走，接着要钻入一个被称为"一线天"的巨石缝隙中，阿力曼打趣说，如果是大胖子，可能得抹猪油才能过得去。接着是一个向下的陡坡，也得抓住绳子一步一步移动，以免直接翻滚摔落。我们时而弯腰，时而爬行，钻过猎人躲雨的小洞，最后来到一棵两层楼高的大树前。这棵大树的树根盘结在长满青苔的岩块上，仰头看，阳光耀眼，树身巨大。阿力曼读小学的孙子带头示范，像猴子般一溜烟儿轻盈直上，我也抓着树根迅速攀爬，一下子登上树干。站在树上往下瞧，人影渺小，往外看，是一望无际的绿丛，迎着凉风感受大汗淋漓后的畅快。阿力曼面貌清秀的小孙子提醒我还有路程要走，继而从树的另一端爬下去。走出森林后，看见祖灵屋，才发现四十分钟的行程也只绕了森林一小圈，但却是让人难忘的生命之旅。

看着远方的中央山脉、眼下的纵谷平原与鹿野溪，阿力曼诉说着十多年前成立森林博物馆的故事。这个与世隔绝的山林，曾被汉族人收购，计划砍掉森林，大兴土木盖灵骨塔。当地的不少族人也收下了订金，决定将土地卖出。阿力曼为了保卫森林，不惜四处游说，跟银行贷款买下整座森林，虽然一身债务，又被族人怀疑他的动机，但阿力曼用行动证明了他对森林的爱，成立了一个没有围墙、没有大门、

一把山刀，如果没猎过山猪、将猪肉分享给族人，就只能是一块铁。

阿力曼本身是一个传奇。

没有屋顶、没有电力的森林博物馆。这里有八甲的土地，但只开放一甲地，没有太多人工斧凿，仅用简单绳索辅助，让旅人能与自然亲近，用身体与汗水认识这座森林。

尽管没有对外营销宣传、交通不方便、要事先预约，且有层层规范限制，这里却吸引了很多有心人前往。目前已有六十多个国家、十多万人次来这里爬树钻洞认识森林。"森林是我们的银行，利息是用不完的，靠利息就能帮我们部落生存下去。"阿力曼说过去的观光方式会让原住民脱光光，只为迎合外界，像动物园的猴子一样供人观赏，唯有建立主体性与尊严，才能建立部落自信。

阿力曼本人就是一个传奇，他是历史硕士，做过记者、国会助理，猎过山猪。他比着自己的矮壮身形说，布农男人的腿要短要粗才是真男人，身高超过一百七十公分就不合格，因为在山里狩猎要跑得快，个子矮才不会被树干打到。我问阿力曼这个名字的意思，他说就是排行第二，我以为他是头目，他笑着说这里没有头目，只有漂流木，头目没有权力，只有协调和分享，荣誉和责任。他拿出腰刀，正色说，如果这把刀没有猎过山猪、将猪肉分享给族人，就只能是一块铁，没有荣誉与价值。

　　他提到，曾经有一个企业家为了让香港客人有难忘的体验，从饭店运来桌椅，铺上白色桌布，准备高脚杯，将小米酒与气泡矿泉水做成原住民香槟调酒，让贵客惊喜连连。他不满地说，这里的石头与漂流木桌，不需要白布掩盖，猎人舒跑就是饮料，来这里就是单纯感受布农人的生活，不用刻意复制城市的经验来取悦客人。

　　阿力曼强烈的自主意识、质朴自然的哲学观点，让人印象深刻。每次我来找他，都能从只言片语中咀嚼出生命的智慧。中午我们一起吃他命名的"妈妈感动的菜"。茅草屋有两个大灶，两个布农妈妈各自料理，菜色很简单，都来自部落的菜园或是山上的野菜，不同食材相互搭配，就会产生不同的滋味，例如以月桃叶当碗盛地瓜白米饭，加上泡面炒龙葵、野菜天妇罗、金针笋炒肉丝、九层塔炒茄子、苹果炒山苏，菠萝炒苦瓜，搭配出来的口感令人惊奇，竟那么对味。当然不能错过的是烤猪肉。放着一大块未切猪肉的容器很有趣，是由劈开的竹筒组成的，猪肉流出的肉汁与油会留在竹筒的凹槽内，既可以将汁水倒出来食用，也可以储存猪油、肉汁，不会弄脏桌面。爬过树、钻过洞，流失了体力的人特别容易饿。这里的每样菜都能刺激食欲，饭菜只要上桌，没多久就能吃光光。

　　饭后的活动就是捣南瓜麻糬，两人轮流用大木杵捣着糯米，越捣越黏稠，越来越化不开。捣了十多分钟，力气已用尽，木杵与麻糬几乎已经相连，无法再拉扯，但是也慢慢冒出热气与香味，

月桃叶当碗，盛着地瓜白米饭。

布农妈妈丰盛的家常料理，（上）左到右：泡面炒龙葵、烤肉、金针笋炒肉丝；（下）左到右：九层塔炒茄子、苹果炒山苏、野菜天妇罗。

阿力曼用绳子将一大块厚厚的麻糬从木杵上刮下来，再蘸上花生粉，用木叉分成一块一块的，又热又Q又香，自己捣的麻糬真的特别有味道。

鸾山部落是布农人分布最东最南的部落，由于布农人都住在中央山脉，这里是唯一在海岸山脉的布农人。我很好奇，怎么会远离中央山脉来到此地？从地图上来看，鸾山部落的位置应该属于鹿野，但行政区划上却归属于并不相邻的延平乡，这在地理学上称为"飞地"—— 一个区域内某块土地属于其他区域。一种说法是延平乡属于原住民乡，鹿野乡则是个族群混杂的乡镇，但鸾山部落怎么会孤立在鹿野乡，令我不解。

阿力曼看着鹿野溪说，河有记忆，想念的时候，会走回家的路。他好几次提到回家，却是要回到哪里？他提到了内本鹿，他们的老家。

内本鹿，台湾历史的窗口

内本鹿，一个谜样的区域，主要在台东县海端与延平两乡境内，西边与高雄茂林、屏东雾台接壤，位于卑南溪上游，布农语意指属于鲁凯人的地方。

这里族群混杂，曾经住着卡那卡那富人、邹达邦社、鲁凯万山社与达鲁玛克社、卑南泰山村与卑南初鹿社。十九世纪中，布农人为了猎场与耕地，从花莲翻山越岭前来此地，一开始在利稻附近遭遇了组织严密、戒备森严的邹达邦社的顽强对抗，强悍的布农人讨不到便宜，一直等到其他持续南下的布农部落加入联军，达邦

晨光中，围绕雾鹿的山岚仍未散去，沿着新武吕溪四处蜿蜒的南横公路，曾是关山越岭警备道的一部分。

社又发生瘟疫，邹人只得弃守撤退，退到阿里山。紧连达邦社、住在利稻与雾鹿的卡那卡那富人失去了盟友的协助，成为孤军，无法对抗如潮水般从四面八方涌来的布农战士，部落内又发生疟疾，死伤惨重，只得连夜越过卑南山，逃往荖浓溪中游，其中一部分卡那卡那人被布农人截击追杀，一直撤退到了楠梓仙溪（现在的那玛夏）。

取得领地的布农人又继续跟鲁凯人、卑南人交战，互相争斗，死伤累累，最后通过联姻结盟，弭平战火，成为内本鹿的盟主，建立了十多个部落。这就是扩张力强大的布农人在台湾最南端的新据点，也是阿力曼祖父的新家。一八九五年之后，神出鬼没又强悍的布农人一直是日本警察的"心腹大患"，尤其是在内本鹿地区，有三个布农抗日英雄聚落，即拉玛达星星、拉荷阿雷与阿里曼西肯兄弟盘踞山头组成的武装力量。当日本人强占台湾省，对本地部族强制缴械，不让习惯狩猎的布农人拥有枪枝武器狩猎为生时，便激起布农人的反抗之心，为了生存，他们曾屡次袭击日本警察，之后又扬长而去。就连日本参谋本部陆地测量部都无法深入内本鹿地区，这一点可以从日本一九二九年出版的所谓的"台湾地图"中得到佐证——全台只留下内本鹿这片空白区域无法征服。为了征服布农人，日本从二十世纪二〇年代开始修筑关山越岭警备道，一端从六龟开凿，另端从台东关山兴建，更要开辟一条通往内本鹿的道路。道路开通之后，隐匿在深山的布农反抗军就没有天险可守，加上一九三〇年发生的赛德克雾社事件，日本开始部署迁居布农人到山下集中管理的"集团移住"计划。日本人一面炮击，一面筑路，一九三二年，内本鹿发生集体武装抗日的"大关山"事件，拉玛达星星一家都被逮捕，拉荷阿雷与阿里曼西肯也在几年前投降，内本鹿地区才完全被日本人侵占。

许多被迁到现在延平乡的布农部落无法适应山下的生活，他们被强制学习种水稻、甘蔗，住了几年之后，一九四一年一位部落青年海树儿不满日本人的高压政策，决定带家人重返内本鹿。当时内本鹿还有一些族人居住，他们攻击日本警察，

砍断吊桥，阻止敌人追击，最后都被逮捕。日本人烧光了布农人内本鹿的部落家屋，布农人从此也被全部强制迁移到都兰山，远离中央山脉与其他部落，隔绝在卑南人与汉族人区域严格看管。这也是鸾山部落位在鹿野乡区域，却属于延平乡管辖的原因。

内本鹿，布农人回不去的家乡，也是阿力曼的家族故事的重要篇章。人类学家黄应贵形容内本鹿是台湾地区历史的窗口，是了解台湾地区过去与未来的重要窗口。阿力曼不只成立了鸾山森林博物馆，也对族人长辈进行访谈，重建内本鹿的记忆，还数次与长辈重返荒烟蔓草中的内本鹿寻根。

阿力曼细数内本鹿各个部落的名称，Mamahav 长了很多野生小辣椒，Halimudun 是对这里茂盛的森林的形容。Masudaza 是周围有很多枫树的地方，Masuhuaz 则是一个出产许多黄藤的部落。已逝的哥伦比亚大文豪加夫列尔·加西亚·马尔克斯在《百年孤独》写道："这是一个崭新的新天地，许多东西都还没有命名，想要述说还得用手去指。"

小辣椒、森林、枫树与黄藤，个个充满内本鹿的诗意与故事。昔日纵横山林、日本人闻之色变，排行第二的阿里曼西肯在海端的崁顶部落归降，落寞终老，而今日的阿力曼则在鸾山部落重建家园，开辟了一个拥有内本鹿灵魂的新天地。

顶部落，夜之森林

环境太安静太舒服，跟白天挥汗爬树的体会完全不同，
夜晚的陌生与黑暗，更放大感官的体悟，
对周遭的一草一木、虫鸣兽叫的感受更细微灵敏。

日据时期，包括内本鹿在内的海端与延平这一大片区域，都被称为蕃地，隶属于关山郡管辖。直到二十世纪五十年代行政区域再被划分成了海端与延平，但是海端乡没有海，在距海最遥远的那一端，没有海音，只有布农的八部合音，就像延平乡没有延平郡王，这些地名与事实不符，充满讽刺。阿力曼也打趣地说，布农人的土地被姓"林"的跟姓"国"的拿走了，一个是台湾省林务局，另一个是台湾省"国家公园"。

"海端"一词是布农语的音译，其意思是三面环山，一面敞开的虎口地形。我的布农朋友邱大哥住在距离关山镇很近的崁顶部落，崁顶这个名字很有闽南语特色，应该不是布农人的原生聚落。

崁顶村是一九三一年阿里曼西肯投降后日本人迁居建立的新聚落。拉玛达星星被逮捕处决之后，他的族人也从深山被强制迁来此地，这里离城镇很近，更方便就近管理，因为位于关山上方，就被称为崁顶。日本人强迫在此聚居的族人种水稻，改变他们吃小米与地瓜的习惯，又有汉族人在此提炼樟脑，方便了各个部族的自由进出，布农文化因此受到冲击。在这里生活的布农人除了农耕，也会上山狩猎，然后到镇上贩卖山产。

尽管跟汉族人交往密切，布农文化在平常不怎么彰显，但是在夜晚可不一样。晚上九点，我们走在崁顶部落的森林里，朋友背着藤编的笭筐，里面装满地瓜与泡

面，白天体验了鸾山部落的森林，晚上邱大哥带我们认识另一种森林特色。

　　进入森林前，邱大哥依照布农人的惯例，先用槟榔与米酒敬山神与祖灵，允许我们入山，也祈求一路平安。我们一路上没有打开手电筒，但眼睛已熟悉黑暗，还有淡淡月光照亮。邱大哥剥下一些树皮，让我们咀嚼，舌尖充满清凉，这是布农人的天然口香糖。一路上又摘了佛手瓜、龙葵，远方可以看到城镇的灯光，还能听到远处狗吠的声音。我有时刻意闭上眼睛，在黑暗中行走，此时只听到自己的呼吸声，还有行过草地的沙沙声。

森林深处，黑夜中，一群人享用烤地瓜与野菜泡面。

　　邱大哥说前方有飞鼠，我们停下来观察，前方树梢上，果然有一点乍隐乍现的红光，那是飞鼠躲在树叶后的凝视我们的眼睛。走到一处斜坡，邱大哥要我们坐下，闭上眼睛享受森林的静谧。他聊起猎人在山林中的故事，如何跟踪猎物、设下抓山猪的陷阱。我一度睡着了，因为环境太安静太舒服，跟白天挥汗爬树的体会完全不同，夜晚的陌生与黑暗，更放大感官的体悟，对周遭的一草一木、虫鸣兽叫的感受更细微灵敏。我们走到一处坡地，卸下装备，点火烧柴煮水、烤地瓜、将刚摘的野菜丢到锅里跟泡面一起煮熟，一群人或蹲或坐或站，享用热腾腾的宵夜。

　　一大早我走进厨房，看到邱大哥的朋友初美姐正在洗高丽菜，邱大哥则是卖力地刨着南瓜与佛手瓜，南瓜丝用来煮稀饭，佛手瓜丝要与红萝卜一起清炒。没多久，早餐上桌了，加入南瓜熬煮的稀饭有着淡淡南瓜香，清炒佛手瓜与红萝卜，红绿交错很诱人，其中一大盘只用蒜头与盐炒的高丽菜，有着清脆的口感，传达出秋冬交错的季节滋味。在平地很少吃到这么有脆度且香气浓郁的高丽菜，初美姐说，这些应季盛产的高丽菜来自海端的深处、海拔一千米以上的利稻部落。

佛手瓜、苦瓜与翼豆

刨南瓜丝，好与稀饭一起熬煮。

利稻，好美丽的名字，让我想到稻穗饱满、土壤肥沃之地。我打算去探访这个神秘的小村落，看看当地的高丽菜与稻穗。记得诗人落蒂在《利稻》这首诗作写着："是失落了什么 / 来这里寻找 / 只因你的名字 / 如同我家乡子民 / 年年的期盼 / 让我在这里流连忘返"。也许，利稻有值得让人探寻的故事。

吃完早餐，要帮忙邱大哥整理菜园，我们戴着部落长辈用回收的饮料罐铝箔、包装盒编成的帽子遮阳，开始拔杂草。拔了两个小时后，我们开始帮忙准备午餐。长辈教我们绑布农月桃粽，粽子的内馅是黑豆、红豆、小米、糯米与香菇，再包上一层假酸浆叶，最后再以月桃叶包裹成粽子。一旁的炭火烤着肥猪肉，还要定时翻面，让烤肉里外受热均匀。我们清洗野菜，包括翼豆、佛手瓜、山苦瓜与珠葱，并将小米与糯米填入竹筒里，与月桃粽一起用热锅蒸熟。

我们将烤熟的猪肉切成一小块一小块的，邱大哥看不下去，拿走了我们的菜刀，示范了真正的布农人的吃法。他将猪肉切成大块，然后绑上新鲜的珠葱，蘸上盐巴大口咬下，肉汁与盐巴、辛辣的珠葱交融，是非常豪气的感受。打开月桃粽，假酸浆清凉的味道以及丰富的馅料入口，很有饱足感。小米竹筒饭也是部落人在山上工作、打猎时带的便当，米香中带点淡淡的竹香，口感很扎实。

上：珠葱
下：珠葱绑在猪肉上，蘸盐巴吃。

❀ 上：绑月桃粽。下：粗犷的厨房，一边烤猪肉，一边煮月桃粽。

利稻之道，陈大姐泡菜

有时候，也许是在这个小地方，
遇到一个盛情款待的人，尝到当地的真切滋味，才会特别难忘。
泡菜是先生家乡的记忆，也是南横的记忆，还是大姐用青春年华酿造的故事。

利稻，一个遗世独立的小聚落。

　　吃饱了，决定前往利稻。我们一路蜿蜒，往南横的方向前进。到了雾鹿村的天龙吊桥，新武吕溪在这里切出一道 S 形、高度超过一千米的大峡谷，从这座连接峡谷的桥上向下望，崖壁陡直的雾鹿峡谷从眼前炸开，视觉顿时既幽深又开阔，湍急的水流汹涌奔腾。雾鹿的名称让人着迷，一个说法是峡谷温泉冒出的"BuluBulu"声响，另一说法是这里曾是沼泽地，过去曾有鹿群和其他动物在此饮水。

　　这座吊桥是一九二九年建成的连接利稻到雾鹿的关山越岭警备道的要道，日本"警察"为了管制布农人修造了这座吊桥。布农族的猎枪与山刀，终究敌不过日本人的大炮，最后只好屈辱投降。血染的时光早已灰飞烟灭，只有溪水与峡谷依旧傲立。

　　我在天龙吊桥边遇到两位优雅的日本婆婆，结伴来寻根。这两位婆婆的父亲都是雾鹿驻在所的警察，她们在这里出生，过去来此曾找到童年的布农玩伴。由于父亲曾调到池上工作，她们也去池上找寻当年的阿美同伴，只是每次联系，总是传出又有人过世的消息，也提到这次布农老友没联系上，该不会是发生什么事了吧？两位老婆婆轻声叹息。

　　她们静静伫立在吊桥前一会儿，我说要以天龙吊桥为背景，帮她们照相，两位老人家微笑道谢，拍完照，回头看看吊桥，又对我含蓄地点头致谢，望着两人相互扶持的苍老背影，我竟有热泪盈眶的感觉，时代的悲剧，也是时代的记忆。

　　我们继续前行，拐过好几个弯，穿过几个山头，一路上看到只要有平坦的土地，就会种植高丽菜。远远就看到利稻了，群山环绕下，静静躺在雾鹿溪上游的河阶台地，遗世独立，一排排整齐的菜田，像个绿色棋盘。

　　这里是布农人居住的海拔最高的部落。这里空气特别清新，却没见到稻田。这是个美丽的误会，布农朋友古志明带我们去看真正的利稻，那是一棵野枇杷树，布农语称野枇杷为"立豆"。原本利稻是二十多个家户、分成十个聚落的地方，一九三二年日本宣布的集团移住政策强制布农人从高山迁下来，将各家族统一管

野枇杷树，是利稻地名的源头。

翠绿的高丽菜田，颗颗结实饱满。

理，利稻于是也就成了三十户家庭集中的单一聚落。志明指着远方山上的凉亭，那是一座炮台，利稻跟雾鹿一样，除了有警察驻在所，还用大炮对准部落，防止布农人再度反抗。

我们跟志明在村落走走绕绕，阳光下，看到一大片特别翠绿耀眼的高丽菜田，有个牌子写着：高丽菜自行采收，四颗一百元。志明解释，因为气候的关系，天气冷，平地也适合种高丽菜，供给过多造成价格滑落，利稻出产的高山高丽菜也没有好价钱，农夫采收反而增加成本，不如放在田里变成肥料，也开放让人自行收割，便宜卖。我们一群人拿着镰刀，开心地在田里割高丽菜。每一颗都沉甸甸、厚实饱满。

原本利稻的族人是狩猎、种小米和地瓜的，被日本人强制种稻米之后，生活作息也出现了混乱。日本战败后，布农人就不再种稻。台湾主管部门计划兴建南横，利稻人也受雇工作，志明的父母亲就负责背炸药和水泥，从海端走到利稻，得走上一整天。后来部落开始种水梨、水蜜桃，但常被猴子吃掉，且产量不稳定。二十世纪八〇年代，汉族人来此种高丽菜，没想到利稻的高丽菜特别脆嫩，汉族人开始跟族人租地，再雇用当地人种菜，慢慢改变了利稻的经济生态。

志明说布农人都是吃肉不吃菜的，因为相传

吃菜会让人没力气。曾有阿美朋友来这里游玩，看到满山遍野的野菜惊喜连连，志明不解，这些草有什么好吃？那以后除草可以找阿美人来帮忙了。我发现，低海拔的鸾山与崁顶的布农人都会吃大量野菜与蔬菜，这也许跟平地人长期相处有关。高海拔的利稻，与世隔绝，相对也维持着较传统的生活形态。

这个人口只有五百的利稻，因为高海拔的风土环境，以及在从中央山脉涌出的新武吕溪的孕育下，除了高丽菜之外，也盛产优质的高山茶、红豆、爱玉与西红柿。

利稻有一间看似不起眼的小店，叫陈大姐名产店。走进陈旧的店里逛逛，大约六十岁、清瘦优雅的陈大姐是平地人，看着报纸打发时间，她微笑说慢慢看。看到一幅于右任的墨宝，落款是给亚东先生，我充满疑惑，这里怎么会有于右任的作品？

大姐说这是于右任送给她先生的礼物，原来大姐的先生刘亚东，曾是贵州警察局局长，与于右任相识。来台湾之后位阶降低，就被派到阿里山当警员。他认识了当时才十六岁，家里开杂货店、青春貌美的陈大姐，即使两人差了三十多岁，他仍热烈追求，甚至以半强迫的方式把她从阿里山带到台东知本，最后又请调到了利稻派出所担任主管，再把大姐带到这个深山部落定居。

陈大姐一开始只卖发粿与冬瓜茶供应给开拓南横公路的工人，一九七二年南横开通后，许多登山客与健行的游客都会路过利稻，承继父亲开杂货店好客的个性，陈大姐就开了枕戈餐厅与待旦商店，卖臭豆腐、泡菜、香菇鸡汤、红豆汤与土产，成为南横温馨的热食补给站。她也常常免费招待需要援助的年轻人，难怪店里面留下了许多旅人与大姐的合照，以及各大专院校社团颁发的感谢状。

后来刘亚东退休担任海端乡乡代主席，想要多赚点儿钱，却屡屡投资失败，陈大姐就自己种菜，开大卡车去高雄卖菜。现在先生已过世多年，南横因为"八八"风灾的影响封闭不开通，大姐的名产店也跟着萧条寂寥。

由左至右：陈大姐处理爱玉子，酸甜沁凉的百香果爱玉，陈大姐亲手腌的泡菜。

　　看似清闲的陈大姐可忙着呢，她请我们吃用利稻高丽菜酿造的泡菜，辣中带着酸甜，滋味爽脆，另外还有一种加了糖与梅子醋、清爽开胃的泡菜。大姐说因为先生是四川人，爱吃辣，她特别学了腌泡菜的手艺，加上利稻高丽菜的口感来抚慰先生的乡愁，没想到广受好评，也成为了陈大姐的名产之一。另外，她从阿里山家乡带来的、加了百香果的野生爱玉，也是不能错过的甜点。大姐熬煮的饱满硕大的利稻红豆汤，寒冬中喝上一碗，温暖在心头。

　　有时候，也许是在这个小地方，遇到一个盛情款待的人，尝到当地的真切滋味，才会特别难忘。泡菜是先生家乡的记忆，也是南横的记忆，还是大姐用青春年华酿造的故事。我们买了好几瓮泡菜，也扛着新鲜高丽菜回家。我母亲说，台北就有便宜好吃的高丽菜，你这两颗搭飞机的高丽菜，成本可真高啊。怎么会贵呢？每一口都是难忘的利稻回忆。

流经利稻、崁顶部落的新武吕溪，鸾山部落的鹿野溪，汇聚成壮阔的台东第一大溪卑南溪。台东籍、在卑南溪畔长大的诗人夐虹曾写过一首《卑南溪》，她形容卑南溪是一条黑黑的长歌、苦苦的悲歌与悠悠的歌。

走过山之巅，林之森，布农人的卑南溪，是骄傲的内本鹿之歌。

如果你想品尝海端与延平人的餐桌

❧ 鸾山森林博物馆 需要事先预约，写 E-mail 联系阿力曼
   sazasa2003@yahoo.com.tw

❧ 崁顶达路汗民宿 汇聚部落十个店家，有住宿、餐饮与生态游览行程
   台东县海端乡崁顶村中福路 1 邻 13 之 15 号
   (089)813351 或 0911734158（找邱先生）

❧ 天龙饭店 可以住宿、泡汤，总经理张姐每天早晨六点半都提供南横游览
   行程，饭店也有套装行程，可去利稻各地
   台东县海端乡雾鹿村 1-1 号 (089)935075

❧ 陈大姐名产 大姐的泡菜、花生糖与爱玉都有订购配送，因为南横
   未恢复开通，名产店开放时间并不固定
   台东县海端乡利稻村 8 号 (089)938037

盐埕人
的餐桌故事

日常的美好"食"光

清晨六点半，菜市场人来人往，

有个年轻人一面出声招呼客人，一面专注地处理虱目鱼。

他左手轻压鱼背，右手从鱼腹部划下一刀，反面再补一刀，

鱼肚就与鱼身分离。

旁边坐着两个女生用机器刮鱼鳞，鳞片如华丽的银白色雪花，

在她们身旁飞舞回旋。

还有个女生面无表情地负责切鱼头，刀起头落；

有个阿婆手指如钩，伸进失去肚腹的鱼身用力滑到鱼尾，

挖出整副鲜红的鱼肠鱼肝；

男助手则蹲在地上仔细地整理瞪着空洞大眼的鱼头。

虱目鱼越早吃，越鲜美

一般人提到虱目鱼，都会想到台南，
高雄盐埕的虱目鱼料理跟台南是同中求异，有另一种饱足的滋味。

　　空气中浮动着鱼鲜气味，往来客人驻足挑鱼买鱼，年轻老板努力叫卖着鱼头（鱼头很便宜，但吃的人不多）。嘈杂环境中，他们分工清楚，有条有理，毫不紊乱。年轻人的父亲在高雄路竹养殖虱目鱼已有三十多年的历史，每天半夜捞捕虱目鱼，在鱼塭现场就开始处理鱼皮、鱼肚、鱼肠，五点前就直送到各个店家，方

✿ 阿贵虱目鱼

✿ 大沟顶综合米粉

便店家料理。他们自己则是六点就到这个曾是河边未垦地、俗称大港埔市仔或新兴市仔（高雄新兴区南华路）的摊位卖鱼，一天可卖上两千斤虱目鱼。

回到盐埕区，沿五福四路转进濑南街，阿贵虱目鱼已有几位阿伯在吃早点了。他们低头边啃鱼头，边把鱼刺从口中喷出，微眯着眼，透露出自在满足。我看到这些虱目鱼头浸泡在布满酸瓜的豆豉卤汁中，滋味想必香甜可口。我点了鱼皮汤与鱼肚丸面线，配一盘卤苦瓜。鱼皮上抹了一层鱼浆，咬起来柔软却有弹性，蘸蒜泥或掺了豆瓣酱的酱油，又有不同的滋味，汤头清爽，除了鱼骨高汤，就是红葱头与青葱。鱼肚丸也不是印象中的圆圆的鱼丸，而是饱满且粗线条的歪扭鱼浆裹上鱼肚，满满占据大碗，汤头只有姜丝提味，加上淡淡的面线，很有饱足感。

转进五福四路另一个小巷，这里是阴暗的大沟顶市场，往里头走几步，会发现一家坐满客人的无名虱目鱼小店。雾气弥漫，是因为店主得不断打开锅盖舀汤，一掀盖，便会有热气蒸腾地冒出来。吃碗综合米粉，抹上鱼浆的带肉鱼皮与鱼肚浆，堆在碗中如座小山，粗大的米粉味道清淡，大把的芹菜珠点缀着鱼香，吃起来很过瘾，配上清烫的鱼肠，略带点儿腥味，但ＱＱ的口感，蘸点酱油也很开胃。如果嫌不够饱足，还可以再来一碗卤肉饭，高雄的卤肉饭就是一大块肥肉，淋上酱汁，没其他料，搭配虱目鱼料理，也算称职的配角。

这家小店清晨五点半开张，就挤满了当地的识途老马，虽然会开到下午一点，但早晨客人最多。虱目鱼讲求新鲜，越早吃，越鲜美，早起才有好鱼吃。

如果还不满足，想要再重一点儿的味道，就得更深入濑南街另一端了。这里是已有六十多年历史的老蔡虱目鱼，撒上姜丝的虱目鱼粥很丰盛，里头有鱼肉、蚵仔与肉丝，米粒吸饱鱼鲜高汤，再搭一根油条蘸鱼汤吃，滋味不凡。油煎鱼肚用菠萝黄豆酱腌渍过，味道稍重，撒上大把姜丝，让风味更丰富，总觉有美浓客家人的气味。清烫的带肉鱼皮，蘸点儿酱油膏与姜丝，有嚼劲的鱼皮与嫩肉，单纯又鲜美。最期待的是煎鱼肠，老板娘捞起粉嫩的生鱼肠放入小锅煎一下，黑黝黝的不甚起眼，微苦滋味带着回甘的清甜。

如果不只要求便宜又大碗，希望吃到更多样式的虱目鱼料理，得再走远一些，从五福四路转七贤三路，往高雄港与地铁西子湾站方向走，位于盐埕最外围的旗津庙后海产粥，可以让人大饱口福，带着一肚子虱目鱼香满足离去。

早上跟着年轻的老板简俊豪去新兴市场买鱼，他习惯将鼻子凑在新鲜的虱目鱼肚上猛吸，闻闻看是否有土味，新不新鲜，再决定要不要叫货。俊豪的父亲不是本地人，来自嘉义民雄，而他自己也喜欢四处学习。没有包袱的他，或许因此让虱目鱼料理得以开创出不同的风味。俊豪每天制作新鲜的虱目鱼肚丸与鱼皮丸，处理过程颇费工夫，得先打鱼浆，要加入猪油、鱼背肉（也称鱼柳，一般鱼背可切出四到六条鱼柳）、鱼片与荸荠，用机器与手绕着同一方向搅揉半小时，让物料密密相融，才会产生Q度。

鱼浆是虱目鱼料理的灵魂，先用汤匙挖出一球鱼浆，塞入肥嫩多油的鱼肚，揉捏成圆球形，一块鱼肚大概可做成十五颗、约一斤的鱼肚丸。鱼皮丸

❀ 虱目鱼皮

❀ 制作鱼肚丸

✿ 煎鱼肠

✿ 豆豉鱼头

则是将长长的带肉鱼皮，两面均匀抹上鱼浆，先用滚水煮熟塑形再冷藏，等到客人点餐再处理。

我在厨房内进进出出，看到大铁盘上正在煎六片虱目鱼肚与六片下巴，因为油脂太丰富了，还被喷出的鱼油烫到。俊豪看我一早跟着出门逛市场，也没时间吃早餐，决定拿出一身虱目鱼料理绝学，十点半就提前摆上一桌虱目鱼好料，早午餐一并解决。

干煎鱼皮，表皮挤上柠檬汁再蘸胡椒，带皮鱼肉焦焦脆脆的；用葱蒜豆豉调味的鱼头，肉虽不多、还要小心细细的鱼刺，但啃起来很过瘾，吸吮头盖骨的髓汁，鱼鳃后的胶质，有许多细密的惊喜；鱼下巴煎得很酥脆，但鱼肉仍然香甜多汁，很适合下酒；煎鱼肠味道层次很丰富，除了蒜头、青葱与九层塔，更多了洋葱的甜味。

重头戏鱼肚丸汤与鱼皮丸上场，海碗装了三颗硕大扎实的鱼肚丸，加上青绿

✿ 炒鱼片　　　　　　　　　　　　　✿ 干煎鱼皮

❀ 煎鱼下巴

❀ 糖醋鱼皮

蒜叶，味道鲜美；已烫熟的鱼皮丸则要炸过之后再煎得焦脆，料理过程较繁复，但是因为几乎没吃过这样的口感，一开始会不知道这是虱目鱼皮浆做的食物，充满惊奇。俊豪看我意犹未尽，再端上煎鱼柳、鱼柳炒饭跟糖醋鱼皮，同样加了大量的葱、蒜、香菜与洋葱，让鱼柳跟炒饭味道又重又香，筷子停不下来，真的带着一身的虱目鱼香与主人的热情离去。

　　一般人提到虱目鱼，都会想到台南，高雄盐埕的虱目鱼料理跟台南是同中求异，有另一种饱足的滋味。从分量与价格上相比，台南比较小巧、价格较高，盐埕的便宜大碗料又多，样式与味道变化更大。祖父来自台南麻豆、老家已定居在盐埕七十年的朋友承汉，觉得高雄的虱目鱼料理多了一种港边男儿的豪爽，台南细嫩滑溜的鱼皮口感他吃不惯，反而更喜欢比较盐埕各家鱼皮裹上鱼浆的饱足感差异度，以及各个酱油膏蘸料的味道，再喝上一口热汤，慢慢悠哉吃着鱼头，吸着骨髓，吐出一根根鱼刺。

❀ 鱼肚丸汤　　　　　　　　❀ 煎鱼皮丸

新生的城市，融合的滋味

这里原本只是盐田、沙洲、潟湖与鱼塭，是清代重要的晒盐场，
却在历经日据、战后的历史变迁，从一个贫瘠的盐埔变成丰饶的新天地。

从郑成功收复台湾的时候开始，就一直鼓励部队与渔民在台南挖鱼塭养殖虱目鱼。数百年来，虱目鱼一直是台南的重要产业与饮食生活的一环，生活氛围承袭了清朝到日治沿着五条港开发的曲折巷弄格局，盐埕虱目鱼的文化底蕴或犹不足，却展现出高雄新兴城市与工商阶级的随性与豪迈。随着岁月的流逝、城市的发展，虱目鱼店与小吃摊就沿着巷弄拉成一长排，只要顺着街道走，一路上就能发现各摊的惊喜小食。

这里原本只是盐田、沙洲、潟湖与鱼塭，是清代重要的晒盐场，盐田晓雾中，白鹭翱飞的"盐埔晓鹭"，还曾列入"打狗八景"之一，却在历经日据、战后的历史变迁中，从一个贫瘠的盐埔变成丰饶的新天地，虽是高雄最小的城区，却有最新的百货公司与商场，最多的戏院与酒吧，最古早的小吃，营业税收曾占了高雄税收一半以上。

但故事得从一八九九年说起。当时台湾总督府民政长官后藤新平巡视南台湾，由于安平港淤积，南部的蔗糖与稻米要开始输往日本，他决定开发当时叫打狗的高雄筑港，让其成为经略南洋、高跃雄飞的跳板。一九〇八年，西部铁路纵贯线从基隆通车到高雄，启动了第一期筑港工程，一九一二年进行第二期筑港工程时，开始填海造陆，将浚深高雄港的废土填平盐埕，使之成为海埔新生地，拥有新码头、仓库，以及被称为盐埕埔的新市街土地，同时也拓宽了临近盐埕埔的高雄川（今日的

爱河）。

一九二四年，高雄从打狗改名为高雄市，行政中心从哈玛星迁移到盐埕，带动市民迁居到这个新开发的区域，逐渐让盐埕成为高雄市的政商中心。这个新天地，吸引了许多南部各地的人来此打拼筑梦，他们像候鸟一样从各地飞来此地栖息筑巢。筑港工程的大量人力需求吸引了澎湖与台南各地的移民。原本在台南安平码头的工人，因为安平港淤积，纷纷来此担任码头工人，安平港周围的工匠、船工、渔业从业者也因为工作变少，被迫转移到高雄讨生活。

另外高雄市最重要的移民是澎湖人，日本政府有计划地鼓励澎湖移民到高雄工作，称为"岛外出稼"（出稼，季节性从农村移到城市短期工作的名词），因为澎湖人口增加，但耕地少，东北季风无法出海，使得许多当地人冬天移到高雄就业，夏天返回澎湖。估计当时出稼人数占澎湖人口将近一半。日本政府也调整了海上航线交通船，增加澎湖到高雄的船班，间接减少澎湖往台南的船班，甚至连澎湖的马公港也隶属于高雄港务局。推力跟拉力，渐渐让不少澎湖人落脚在盐埕及其周边的聚落，成为高雄人。

战后，高雄港经过美军轰炸，一度残破不堪，经台湾主管部门重新复原之后，吸引了更多移民来此就业。有嘉义的移民来到盐埕与苓雅区，布袋人以码头工人为主，东石人从事五金业，新移民通常是无恒产的苦力，借由同乡协助进入盐埕工作，累积资源或机会，再转业或迁移他处。

二十世纪五〇年代，朝鲜战争、越南战争的开始让美国在亚洲陆续增兵，也让台湾成为驻越美军度假地区之一。美军第七舰队休假时，便由高雄港三号码头上岸，七贤三路因此成为一条酒吧街，专门接待饮酒作乐的美国大兵。酒吧街早期的酒吧老板多半是山东青岛人，因为青岛曾是德国殖民地，美军舰队又曾驻扎青岛，带入了酒吧文化，不少青岛人在家乡时就接触过酒吧，当撤退来到台湾后，很自然就经营起酒吧生意。酒吧街也吸引了许多人来此聚集讨生活，经营舶来品生意与各

种娱乐文化，让七贤三路充满异国风情。

从一无所有到无所不包，盐埕这个新兴区域融合了南部各地移民，这里交融滋养了彼此的生活习惯与饮食口味，创造出独有的生活风格。像虱目鱼这个源自台南的食材，在盐埕落地生根后，一开始多半供应给劳动阶级，得便宜量多又

冬粉王的综合米粉，摆满各式猪内脏。

好吃，还得多样化才能满足需求，其他小吃也是如此，才能在盐埕生存下去。

像一家开业四十多年的冬粉王，专门卖猪内脏料理配上冬粉，汤头味道不咸重，内脏又便宜，当地长辈提到昔日的码头工人都喜欢吃由这位老板推着摊车、在码头边贩卖的冬粉汤。老板很时髦，穿花衬衫、白长裤，喜欢跳舞，还曾骑车环岛。我也专程来吃了一碗综合冬粉。店面干净，空间宽敞舒服，经常门庭若市，挤满观光客。汤有满满一大碗，有猪心、猪肝、猪肠，一百元的价格，不算便宜，但猪大骨熬的汤头有一定水平。也许是早上人并不算多的原因吧，总觉得少了一点当年摊车的热闹气氛。

富野路上的城隍庙旁，开业五十年的阿英排骨饭也是当地人爱吃的小店。来自高雄茄萣的阿英，七岁就在盐埕帮人背小孩，十三岁开始卖冬瓜茶，后来在路边卖土魟鱼羹，阿英的先生则在旁边卖刈包，鱼丸汤与地瓜，最后才转卖排骨饭。阿英排骨饭的菜色很简单，一块炸排骨，配一点酸菜，饭量大，单纯，有饱足感。

濑南街的阿进切仔面，也有六十年的历史，老板阿进是台南人。除了切仔面与肉臊饭，猪内脏也是必点的小菜，猪肺、猪肠、猪心，甚至还有猪牙龈也是面店的特色。小店从早上九点开业客人就源源不断，店门口料理台摆了一大盘猪内脏、猪皮与小卷，一旁的白发阿婆一直在添饭，动作慢条斯理，但很有精神。点了猪舌冬粉、肉臊饭与骨仔肉汤，味道很传统，分量也扎实，心想，这才是古早味，可以满足劳动人口一天的精神与养分。

盐埕街里头的一条巷弄，被当地人称为细姨街，因为许多富商会在附近买房子包养情人。我不是来找年华岁月已逝的细姨，而是慕名去一家很古老的咖啡馆——小堤。这家开业近三十五年的咖啡馆，应该是盐埕最老的咖啡馆吧。深咖啡色的木造空间，除了咖啡香，就是一种古老的气味，几个银发长辈正悠闲地看报纸、喝咖啡，留着利落短发、个性直率的老板二姐，都会习惯问客人要喝"热的冷的？厚的薄的？"虽然吧台旁贴着每月二号、四号和周日公休，但她从未公休过。

阿进切仔面，有六十年历史的古早味。

这里几乎没有外地客，都是熟客人，而且都是七十岁以上的老客人。他们习惯来此喝咖啡、看报纸、聊天、发呆，悠闲地生活，如果公休了二姐担心他们没地方去。如果客人没来，她更担心是否生病了，因此就一直开店营业下去。我点了咖啡，二姐问吃过早餐了吗？原来如果上午来喝咖啡，会附赠一份早餐，虽然只是涂了奶油或果酱的吐司，再加一颗煎得很嫩、淋上酱油的荷包蛋与火腿，但能慢慢吃、慢慢喝、慢慢聊，感受老时光的气氛，还真不错。

二姐是澎湖人，阿公从澎湖来此工作，父亲是建筑师，原本开了一家书店，后来改装成小堤咖啡，一直营业到现在。二姐聊到客人，如数家珍：有一个是从旗津搭渡轮来此的退休银行家，以前在盐埕工作，退休后每天都来这里喝咖啡；另一个阿伯常常从凤山骑摩托车来此；在吧台前看报纸的婆婆，住在爱河畔的前金区，三两天就来这里一次。

小堤代表盐埕早期的异国风情。在濑南街阿贵虱目鱼对面的小巷，里面有家

❀藏在巷弄的小堤咖啡。

很有特色的姐妹早餐店。这家早餐店虽然卖西式早餐，但其中法式肉松吐司与玉米火腿蛋做的烘蛋堡，就是洋式与台式结合的餐点。点了餐，老板娘开始打蛋，将玉米、火腿丁与蛋汁煎成圆饼，另外将吐司吸满蛋液，也放在铁盘上煎，起锅后撒上肉松。吐司与汉堡吃起来很台味，料理却颇费时费工，如果回到二三十年前，这些食物可都是新奇口味。

拱廊城市，时间甬道

盐埕也是一个微型的拱廊城市，像一条时光隧道，只看你有没有深深地走进去。

走在街道上，盐埕像台北的西门町拥有许多日式风格的洋房，但不像西门町充满人潮。乍看下，很难想象这里曾是高雄政商重镇，但是待上一段时间，细走慢看，却能感受到那种看似洗尽铅华，仍蕴藏贵气的质地。每条街道也有商业分工，七贤三路是酒吧街，新兴街是五金店，大勇路以钟表为主，五福四路专售皮鞋与眼镜，盐埕街则卖妇女饰品，新乐街是一长排的银楼店，一眼望去整齐划一，架势十足。

❀ 新兴街俗称小五金街。

深入研究法国生活的日本作家鹿岛茂，在《巴黎梦幻拱廊街》引述了德国哲学家班雅明的话："拱廊街就是一座城市，甚至可说是一个微型世界。"鹿岛茂形容巴黎左岸是咖啡，右岸是十九条曲曲折折的拱廊街，如诗交织的时间甬道，保留过去的繁华记忆。

✿ 盐埕保存各种往昔的生活风景。

　　盐埕也是一个微型的拱廊城市，像一条时光隧道，只看你有没有深深地走进去。

　　这里曾有个崛江町，日据时期沿着加盖的爱河支流地下水道，在上面开设了贯穿盐埕南北的崛江商场，一九五四年在商场上方加盖屋顶，变成了名副其实的大沟顶市场，大沟顶整合了整个街廓的商场，彼此相连，带动了不少小生意。现在看起来虽不免阴暗萧条，但仍别有洞天，除了小吃摊林立，还有西装店、裁缝店，舶来品委托行，也有人坐在椅子上看书看报纸，非常悠闲。

　　走到七贤三路与五福四路交叉口，一栋外观老旧不起眼的建筑，朋友说这里曾叫银座商场。我半信半疑，走进去一看，光线暗淡模糊，却深不可测，只有几个店家招牌看得清楚，抬头一看，是个三层楼建筑，屋顶微微透着光，上头是彼此相连的楼道，像几条蜿蜒的巨龙，房舍密密麻麻，仿佛是隐秘的城堡，有王家卫电影《重庆森林》的影子，也有周星驰作品《功夫》猪笼城寨的味道。一个开西装店的阿伯正在里头量衣服，对照外头的车水马龙，有种大隐隐于市的感觉。从银座的另一头走出来，光线耀眼，外似狭窄的商场，实际直通整个街区。

　　日据时期，这里热闹得很，卖布、西服、小吃与商品，大勇路与五福四路口有个吉井百货，有五层楼高，是高雄市第一家百货公司，内部还设有"流笼"（老式电梯），搭乘"流笼"成为最时髦的活动。银座与吉井百货，一直仍持续营业，银座改名国际商场，吉井百货改名高雄百货，一九五八年，来自台南佳里的吴耀庭，兴建了位于高雄百货斜对面的大新百货，建造了台湾第一部电动手扶梯，而顶楼的儿童乐园，也制造了时尚风潮。

❧ 银座商场外观。

盐埕曾经就是高雄的代名词，只是这个小三角地带，先天腹地有限，西边受限于寿山，东边被爱河包围，南临高雄港，无法容纳过度膨胀的人口。当市主管部门东移、新的百货商圈从各地冒出，盐埕就日益没落了。

银座商场是一个时光甬道。

厦门卤，老风华

那些随着盐埕变老的日常，就像富饶的厦门卤或贫穷的咸鱼卤，越老越有滋味，这是无法取代的美好时光。

走过盐埕的前世今生，当繁花落尽，却留下平凡悠闲的生活与难以磨灭的岁岁年年。

朋友承汉的外婆原本开美容院，几乎都是做吧女的生意，有个邻居曾是酒吧女，远嫁美国后，请外婆设计代工新娘礼服，出口到美国，外婆也就开了正美新娘礼服店，还有专门缝制新娘礼服的工厂。承汉的舅婆富珠当时也在工厂帮忙剪蕾丝、修裙摆，因为厨艺好，负责张罗家人的午餐，最后就专心带亲人的小孩，以及料理午餐。

❀新兴街俗称小五金街。

富珠舅婆是宜兰员山人，先祖从厦门来宜兰当官，最后落脚宜兰成为台湾人，她的父亲曾到九份矿场当记账员，后来到基隆做金子生意，认识在大稻埕开杂货店的母亲，富珠的外曾祖父是厦门人，经常往来台湾做生意，她的母亲也曾在厦门念

❉ 白鲳米粉

❉ 厦门卤

过十年的私塾，后来富珠的父亲来高雄开银楼，她也跟着来高雄照顾店面，并嫁给了承汉的舅公。

舅婆想起小时候最怀念的菜，是外曾祖父的私房菜——厦门卤，阿祖在房间藏了一个从大陆带来的陶瓷，平常都会拄拐杖自己去买肉，用大块猪肉、鱿鱼或螺肉、蒜苗加酱油去熬，常常都是自己吃，有时请家族男性一起吃，但年纪最小的富珠总是吃不到，哥哥常利用阿祖不在家，偷偷拿肉给她尝。

外婆一家来自台南麻豆，忙碌工作后就想吃家乡菜解馋，舅婆又是北部人，他们家的餐桌就呈现出了菜品地域的多样性。那天我也当起承汉的家人，在餐桌上一探厦门卤的滋味。舅婆先将鱿鱼切片，和香菇与五花肉一起爆炒，再倒入浸泡过香菇与鱿鱼的水，并加入高汤与酱油，放一小匙米酒、蚝油与些许砂糖，再用小火慢煮。舅婆提到，阿祖的厦门卤还会加鸭蛋，因为当时鸭蛋比鸡蛋便宜，舅婆为了保持蛋香，不会卤太透，就将鸡蛋跟饭一起煮，煮熟后剥去蛋壳，再放到锅子里卤一下。厦门卤的精华是卤肉，没有太软烂，保持猪肉的口感，但充满鱿鱼香跟香菇香，又不会太咸，卤汁也很下饭。

白鲳米粉也是拿手菜，先将白鲳整尾煎过，然后冰镇起来，要吃时再取出来切块，倒入高汤，只用胡椒与盐调味，再加入米粉，起锅前，撒点儿油葱酥、葱花与芹菜珠，就大功告成。白鲳肉质因为先煎过，就不会松松烂烂的，保持一种嚼劲儿，配上米粉与鲜甜汤头，是很难得尝到

🌿 韭菜蚵仔煎

舅婆在准备韭菜蚵仔煎

的古早味。舅婆还会做一道韭菜蚵仔煎，蚵仔加盐与地瓜粉，然后加水用汤匙调匀后，一块一块下锅油煎，虽然蚵仔长得像蚵嗲，但因为加入地瓜粉，口感很软嫩，充满韭菜香，也跟一般加青菜的蚵仔煎的风味大不同。

舅婆的虱目鱼料理也很特别，虱目鱼先用盐巴腌过，再将绞肉、香菇与大蒜，剁碎拌在一起，塞到鱼肚中去蒸，这是外婆喜爱的家乡菜。外婆还喜欢一种很古早乡土味的咸鱼卤，承汉妈妈形容是"臭脚烧"（脚臭味）的味道，她提到这种味道时竟是悠然神往的表情，可惜这道菜我没吃到，那是用鲭鱼干、虱目鱼块、卤肉一起卤，吃完料之后，只剩汤汁，再放姜片与豆腐焖煮的美食。承汉妈妈形容豆腐超嫩超香，那锅咸鱼卤可以吃一个星期，大家还舍不得吃完，会用筷子蘸酱汁一口一口吃。

承汉五个表兄弟姐妹都是舅婆带大的，现在都在外头发展，只有承汉从台北回到盐埕老家，将外婆的正美新娘礼服店改成叁捌旅居空间，象征三〇年代出生的外婆与八〇年代出生的外孙跨越了时空，用心对话。住宿的空间与砖瓦、外婆的手绘设计稿，保留着当年的风华故事，还有家人吃饭的大圆桌，留下了舅婆做菜的点点滴滴。

　　每天早上喝茶逛市场的舅婆，固定中午煮饭给亲人吃，看着白发苍苍的舅婆正在料理厦门卤，高瘦俊秀的承汉在一旁拍照，昔日爱吃肥肉的小男孩长大了，舅婆念念有词："我陪你们长大，你们陪我变老。"

　　那些随着盐埕变老的日常，就像富饶的厦门卤或贫穷的咸鱼卤，越老越有滋味，这是无法取代的美好时光。

如果你想品尝盐埕人的餐桌

❀ 捌旅居 提供盐埕导览信息，早餐提供虱目鱼料理
　高雄市盐埕区五福四路 226 号 (07)5215938
❀ 旗津庙后海产粥 高雄市鼓山区捷兴二街 33-1 号 0986343155
❀ 阿贵虱目鱼 高雄市盐埕区濑南街 144-1 号 (07)5516603
❀ 老蔡虱目鱼 高雄市盐埕区濑南街 201 号 (07)5519869
❀ 阿进切仔面 高雄市盐埕区濑南街 148 号 (07)5211028
❀ 姐妹早餐 高雄市盐埕区濑南街 137 号 -3 (07)5511100
❀ 小堤咖啡 高雄市盐埕区盐埕街 40 巷 10 号 (07)5514703

美浓人
的餐桌故事

美浓一夜雨。

清晨，我走出民宿房间，庭院小湖已有大白鹅悠游，
雨后的空气湿润清新，山岚如烟如雾，山脉朦胧连绵。
走进由旧猪舍改建的餐厅，餐桌已经摆好了，
满满都是从当地市场买来的早餐，
有木瓜粄、地瓜粄、猪笼粄、红豆麻糍，
将美浓客乡的米食特色发挥得淋漓尽致。

在美浓很少看到
肉圆、米粉、卤肉饭、干面与贡丸汤等
闽南式的早点小吃，
都是各种做成粄的米食。

米食的真情演出

各式各样琳琅满目的粄，让美浓这个稻米之乡，呈现多样的米食风华。

粄相当于闽南式的粿。美浓客家人会在在来米、糯米或面糊中加入各种食材，做成不同口味的粄。木瓜粄是青木瓜刨成细丝后，加入米浆、面粉、盐之后煎成的薄饼。地瓜粄也是这个做法，两种粄都带着微微的甜味，并各有木瓜、地瓜的香气。猪笼粄其实就是客家菜包，因为胖胖小小的，长得像关小猪的竹编笼子，就被称为猪笼粄，里面包虾米、红葱酥、萝卜丝，油油香香的，粿皮很厚实，吃了很有饱足感。

美浓作家钟铁民在《木瓜树下好乘凉》中写道："青生的木瓜熟度够了可以制成蜜饯木瓜糖；可以和猪肉一同焖成大封，是客家吸引人的菜肴；可掺合米浆煎木瓜粄，美浓街头一年四季都在贩卖，是乡亲喜爱的点心；黄熟的木瓜可生吃可打汁，最不济还可以喂鸡喂猪，用途多了。"

一颗木瓜可以发挥这么多功用，也只有在美浓客庄才能如此。美浓市场除了卖腌渍品、蔬果，还有各式各样的粄食，晚起可就吃不到了。我看到一个白色椭圆

❀ 木瓜粄

形，中间一抹红带的食物，觉得似曾相识，却又说不出是什么。问了摊贩，她说是红粄，再三确认，原来就是闽南人口中的红龟粿。但美浓的红粄很雅致，跟传统红艳的红龟粿大不同，同样包豆沙或花生，但粿皮口感较脆，没传统红龟粿这么软嫩。美浓人如果祝贺别人生子，送的红粄就叫新丁粄。我跟朋友开玩笑，你们客家人也太节俭了吧，连色素也要省。朋友说，从小到大都是吃这种白色的红龟粿，长辈说这样才好看，颜色不会太满，他也是到了外地，才知道红龟粿是红色的，跟家乡的大不相同。

提供当地老味道的第二代老板阿招。
甜碗仔粄

来美浓一定要吃的早餐，还有阿招的碗粿与肉粽。美浓人称碗粿叫碗仔粄，甜碗粿也就是甜碗仔粄。这家经营了六十年的美味小店位于美浓市场外围，主人阿招大姐笑容满面，不断招呼外带跟内用的客人，其中很多人都是白发苍苍的长辈。我点了咸甜各一的碗仔粄，以及淋上满满花生粉的肉粽，味噌汤是免费奉送的。

咸的碗仔粄是用旧的在来米磨浆蒸熟而成，上桌前，阿招才撒上花生粉与炒过红葱头的萝卜干，以及蒜味酱油，口感跟一般软软的碗粿不同，弹性厚实，味道稍咸，很有饱足感。喝口汤，再吃肉粽，馅料很简单，香菇、花生、五花肉与虾米，重点是满满的花生颗粒与花生粉，香气浓郁。美浓人特别喜欢吃含有颗粒的花生粉，吃起来很有味道。深棕色的甜碗仔粄，较少在其他地方吃到，这是将炒过的砂糖加入米浆去蒸，入口Q弹充满咬劲，还有淡淡糖香，得认真咀嚼，才能体会这种扎实的原味口感。

媳妇阿招是小店的第二代接班人。她每天早上五点开始做碗仔粄，六点开店，不到十点就卖光了，如果不早儿点来，就吃不到阿招的当地老味道。她中午回家再继续包粽子，下午工作完，才有时间看看电视节目。她说工作不辛苦，如果不一直努力工作，客人就会吃不到这种美浓味道。

✿ 咸碗仔粄与肉粽

来美浓当然更不能错过粄条。美浓人称粄条为"面帕粄"，将在来米磨成浆，铺平蒸熟，因其摊开的模样像毛巾，就被称为面帕。再把面帕切成细长条状，就成了粄条。美浓粄条都集中在中山路、中正路附近及美兴街这一带，被称为粄条街。接近中午，观光人潮才会涌入。

粄条也是美浓人早餐的选择之一，得早上来吃，才能从容感受当地气氛。早期每家粄条几乎都是店家自制，现在生意忙碌，不少都交给工厂制作，我喜欢到远离粄条街、在福安小学附近的阿城粄条，这家小店是现存少数仍维持自己制作粄条的店家。店主人每天四五点就得起床做粄条，七点开门。早起的客人就能吃到最新鲜的客家滋味，还可以看到店员将面帕切成一条条粄条，再下锅煮的过程。

以前中午来阿城的小店吃饭，猪脚还得先预订，否则常常扑空，但一早来吃，就不用担心了。此时已有三三两两的人埋头大嚼粄条、大口喝汤，再配上一碟粉肠小菜，惬意得很。阿城的料理很简单，鲜甜的大骨汤头，配上油葱酥、韭菜，放上肉片，汤粄条、干粄条都好吃。另外，炒粄条的味道又不同，不会太咸太油，如果再加一点儿乌醋，酸酸的味道也会带出另种粄条香气。

各式各样琳琅满目的粄，让美浓这个稻米之乡，呈现多样的米食风华。《美浓镇志》记载，美浓客家独特的传统米制食品多达十六种，包括：面帕粄、红粄、米筛粄（米苔目）、碗仔粄（碗粿）、芋粄（芋粿）、圆粄仔（汤圆）、白头公粄（鼠

上：猪笼粄
中：地瓜粄
下：红粄

曲草粄）、萝卜粄（菜头粿）、甜粄（年糕）、粽子（咸粽、粄粽、碱粽）、麻糬，等等。这种米食文化，也是凝聚族群文化的象征。每逢年节，客家人必会"打粄"祭祖敬神，粄蒸熟后，口感黏稠柔软，放冷也能保存不坏，且容易携带，是客家人历经战乱与迁徙的生活智能。过去地方团练捍卫家园时可以当成军队战备干粮，出征时也要打甜粄，当军粮，又能敬神，祈求子弟平安归来。

流动的客家飨宴

除了吃野吃杂吃粗吃封肉，美浓人还吃什么？
深入他们寻常家庭的餐桌，就能找到答案。

传统印象，客家人的饮食特色就是"吃野吃杂吃粗"，不仅吃野味野菜，也吃内脏，但吃粗不是指粗糙，而是手法较粗犷。客家料理多以炖煮烫为主，炸烤比较少，刀功上较朴实，剁肉、切菜大块豪迈，因为农务或劳务繁忙，没有太多时间细烩慢熬，口味重油重咸，才能补充劳动流失的汗水。

桃竹苗北部的客家人，跟屏东平原六堆南部的客家人风土条件不同，饮食文化也有差异。北部山多田少，竹笋多，会腌渍酱笋，吃笋干；北部产酸橘，还会制成橘酱当蘸料；从北部往南移民采樟脑的客家人，则将腌笋的技术跟饮食，带到嘉义或高雄甲仙、六龟。南部客家人居住在屏东平原，种稻、甘蔗、水果，农产多，较富裕，会腌菠萝酱，反而较少看到酱笋。南部客家人最大的特色就是封肉封菜，这是用大灶将猪肉、鸡肉、冬瓜、高丽菜、木瓜等菜肴放在一起，用小火炖煮，节省时间，菜色又多样。其中大封是切大块的猪肉，小封是一般小块的红烧肉。

钟铁民曾在《月光山下·美浓》写道，美浓一般家庭主妇样样都行，就是不会做菜，因为平常工作太忙碌了，没心思费心烹饪，餐桌上只要有封鸡封肉就是上上佳肴了。这样说他的太太恐怕是会抗议的，其实钟妈妈的料理，是我的美浓乡愁。钟家的餐桌，就是一场流动的飨宴。除了吃野吃杂吃粗吃封肉，美浓人还吃什么？深入他们寻常家庭的餐桌，就能找到答案。

阳光慢慢散去的傍晚，铁民老师的小女儿舜文带我走理和小径，这是她的祖父、作家钟理和跟父亲钟铁民经常走的山路。这条路在广兴小学的大路旁边,一边种番石榴,一边种稻,要走四五十分钟,才会走到位于美浓东北方笠山的钟家。

一路上,经过一栋客家伙房与几个民宅,看到装着木柴的推车、几口大灶,还有木瓜园、香蕉园。舜文讲父亲小时候跟弟弟上下学,在此抓青蛙、抓蛇、采野菜的故事。我们看到一棵高大的芒果树,树下有座伯公庙(美浓人称土地公为伯公),我们在伯公庙前合掌拜拜,祈求平安。

这条蜿蜒小路,曾是钟理和从台北疗养院出院后,他的妻子钟台妹带着长子铁民,等他的返家之路。离乡三年,只见过妻子一面,回到故里,充满热切思念。当时钟理和刚下车,元气尚未恢复,走得吃力,在路口没看到妻子,还有些怅然。

舜文用轻柔声音诵读钟理和在《贫贱夫妻》里写的一段话:"一出村庄,一条康庄大道一直向东伸去,一过学校,落过小坡,有一条小路岔向东北。那是我回家的快捷方式。我走落小坡,发现在那小路旁——那里有一堆树荫,就在那树荫下有一个女人带一个孩子向这边频频抬头张望。"

不知为什么,仿佛真的看到当年台妹牵着铁民小小的手,在路旁张望的画面,想起这个家族的坎坷历程,我的眼睛不觉濡湿了。

这条路当年真是崎岖难行,又苦又艰,却也充满家的温馨。钟理和在日记里抒发对这条路的感受:"我还清楚记得那些,沉默的桥、曲折的流水,隐在山坳,或在树荫深处,隐约可见的和平的、明净的、潇洒的人家,横斜交错的阡陌,路的起伏,给行人歇息的凉亭,绿的山,古朴的村子。这一切,不拘在什么时候走起来,或者走了多少次,是总叫人高兴的!愉快的!"

过了一个坡,舜文说,妈妈在等我们吃饭了。我们赶紧加快脚步,走过平妹桥,这是纪念钟理和妻子钟台妹(电影《原乡人》里叫平妹)的小桥,桥两旁是许多台湾文学作家的手印跟笔迹,其中也有铁民老师的笔迹:"衫裤爱新,人爱旧"。过了桥,有一个小小的伯公坛,舜文祖母台妹在世时,每天早晚都会来此拜拜。经

✿ 向左走，就进入理和小径。

过一个小小菜园，钟妈妈正弯腰用锄头挖土，她挺直腰，倚着锄头说，你们好慢啊，我等很久了。

钟家的厨房兼饭厅非常大，大圆桌已摆满菜，都是钟家日常的菜肴，也是铁民老师喜爱的菜。其中有几样小菜很特别，一道猪油渣是台妹的最爱，因为婆婆有时没胃口，不想吃饭，钟妈妈会将白肉炸出猪油后剩下的油渣，再炸过一次，呈现金黄微焦时，捞起沥油，加酱油加醋，淋在饭上，婆婆看到眼睛都亮了，可以吃好几碗饭。我下箸尝鲜，口感香脆，加上酱油跟醋，酸酸咸咸，很下饭。

另一道是黑黝黝的炸紫菜，看起来不起眼，但酥酥香香的，这是台妹教的手艺。当年钟妈妈嫁过来，婆婆将厨房重任交给她，就不再下厨，但偶尔自己会做炸紫菜，紫菜拌上酱油，放入油锅中以小火慢炸，非常简单。

　　婆婆台妹也喜欢菠萝酱的滋味，菠萝酱是南部客家人特有的腌渍品，菠萝切片，加入盐与糖一起腌渍发酵而成，钟妈妈会把腌过的菠萝剪碎，剁成泥状，再淋在她自己种的地瓜叶上，拌匀后，味道就像天然酸味的色拉酱一样。

　　天气热，钟妈妈也用时令瓜类入菜，瓠瓜粄就是瓠瓜刨丝之后，加入面糊去煎，瓠瓜本身水分多，吃起来很湿润清甜。西瓜炒肉丝也很爽口，这是用西瓜皮与果肉之间的白肉，叫翠衣（中医说可消炎利尿），跟肉丝一起拌炒，吃起来脆脆的，水分饱满，些许淡淡的甜味，颜色也好看。

✿ 钟家餐桌

❀ 萝卜苗蒸肉

❀ 冬瓜封

❀ 地瓜叶拌菠萝酱

南瓜蛋酥是钟妈妈的得意之作，将南瓜泥掺和蛋汁一起下油锅去炸，捞起去油后，南瓜香跟蛋香相融，酥脆中带着南瓜的甜。凉拌苦瓜，是先将苦瓜切成四片，汆烫后，让其冷却，另外用梅子粉泡水，淋在苦瓜上，这道菜苦甘又有梅香，实是夏日爽口的上选。

瓜类之外，还有两道美浓传统客家肉食，萝卜苗蒸肉与白斩鸡，值得记上一笔。

萝卜苗蒸肉的外表黑黑的，像卷曲的茶叶，仔细闻、咀嚼之后，又有萝卜淡淡的气味，连萝卜的叶子都拿来食用，真是充满客家惜物精神的菜肴。钟妈妈一直嫌萝卜苗制作的过程太繁复，但每年秋天还是照样腌渍萝卜苗。白玉萝卜的叶子剪下后，先晒过一天，加盐搓揉之后放进容器中，压上石头，等其出水，十天后等叶子变黄微酸，再清洗掉盐分，吊起来晒干，最后切成小段再继续曝晒，等到干燥得像茶叶般，就可以收藏了。这次我们吃的萝卜苗，颜色深，是有相当年纪的，这是一九九七年制成的，已经算是古董级，味道非常香浓，清蒸之后香气融在肉中，是一道下饭的好菜。

传统的客家白斩鸡，关键不是鸡肉，而是蘸酱，这是用九层塔、酱油、糖、醋与蒜细细拌制而成，要将鸡肉蘸满酱汁才够味，不是吃肉，而是吃酱。

南瓜蛋酥。

❀ 瓤瓜瓣。

❀ 西瓜炒肉丝。

❀ 猪油渣。

每道菜，都是外面餐厅吃不到的家常料理。每次来钟家吃饭，菜色都会随节令变换，唯独有一道面线煎一定不换，虽然只是面线淡淡的咸味，但煎过后，外表像金黄豆腐，带点儿微微的焦香，软中带脆的口感，不知不觉会一块接一块吃不停。做法是先将面线煮过，捞起放入容器中，再用锅铲压实成固体，放入冰箱冷藏，等到要吃的时候，切成块状再去煎，成为一个个长形的金黄豆腐，好看极了。我还吃过面疙瘩，大块的面疙瘩，配上大骨熬的浓郁汤头，吃起来很豪迈。

白斩鸡与蘸酱。

钟妈妈说，粄条是农作的点心，不是正餐，猪脚、封肉也是在过年才有时间做的料理，平常吃的都是随意简单的家常菜，每道菜几乎都是她菜园种的，像茄子、芋头、青菜、姜与竹笋，只有猪肉与鸡肉不是。我开她玩笑说，你怎么一点儿都不让别人赚，无法促进经济活络喔！爽朗的钟妈妈马上反击，每次你来美浓都下雨，你是雨男，跟你名字一样！

曲折的故事地图

钟家的餐桌，充满曲折故事，走过美浓客家、闽南、中国东北与广东，
有悲欢离合，又华丽萧索。

钟理和的曾祖父带着一把镰刀、一把锄头和一支铳，从广东嘉应州迁到台湾屏东，再到里港武洛村，接着渡过荖浓溪移垦到屏东高树的广兴村。钟理和的父亲钟番薯是个农村企业家，种菠萝、香蕉、咖啡，还从事外销生意、开船运公司，钟理和十八岁时，随着父亲从广兴村搬来美浓笠山，当时这里是一片原始林，他们准备开垦，种果树、盖农庄。

开垦需要大量人力，二十一岁的钟台妹与父母亲，全家得走一个多钟头的路来农场工作。台妹精明干练，受到钟番薯器重，常常和钟理和碰面，台妹是长女，很会照顾人，个性温和的钟理和，习惯被照顾，少爷跟长工两人意外相恋，但因为同姓不能结婚的风俗，决定私奔到沈阳。

铁民在沈阳出生，那年，钟理和二十七岁，钟台妹三十岁。后来一家三口迁居北京，不识字的台妹，除了会讲客家话外，在北京也学会了流利的北京话，甚至跟同是台湾来的乡亲，可以用闽南话沟通，也会简单的日语。中国统一后，钟家全家搬回台湾，钟理和在屏东内埔中学担任国文代课老师，后来因病辞职，返回美浓笠山。

铁民小时候因为罹患脊椎结核，无法支撑身体，造成身形歪斜与驼背，长期受到病痛折磨。钟理和病发过世前，铁民也因为脊椎结核引发的麻痹症倒在床上，父子俩一人躺一张床，母亲早起晚睡，下田回来还得照顾他们，却没有时间悲伤。

台妹长期在田里工作，身边都会带着镰刀，谁敢欺负她们孤儿寡母，就跟他拼命。铁民记得小时候母亲很严厉，性子急，骂人骂得凶。舜文也提到奶奶脾气很刚烈，有时还会骂粗话，慢慢年纪大了，脾气比较圆融了，还会跟媳妇开玩笑。婆婆有时会告诉钟妈妈以前的日子是怎么过的，说着说着，脚底板还会痒起来、不舒服，因为过去的日子实在太难忘、太痛苦了。

原本不打算成家的铁民，在旗美高中担任国文老师，认识同事的妹妹明琴之后，决定结为连理。明琴家里开旅社，没做过家事与农务，结婚前，铁民告诉她："当我的新娘可要走很长很崎岖的一段路！"这条路果然很崎岖。结婚前，明琴不了解铁民的家族故事，只知道他的父母是同姓结婚，跟传统风俗不同。嫁来笠山时，明琴步下礼车，提起礼服裙摆，跟着新郎，走过小吊桥、穿过烟田，爬上小山坡，走二十分钟才到家。

当时离大过年只有十天，婆婆说，从此厨房交给你管，我要休息了。这个

钟妈妈在菜园耕作。

🎔 钟妈妈与舜文

大小姐从未下过厨，该怎么办？婆婆告诉她过年大封的做法，蒜叶铺在锅底，摆上鸡、猪，冬瓜与高丽菜，高丽菜要切半，冬瓜得先除去外皮，以及挖去长满籽的果肉囊，再摆在猪鸡上面，加上冰糖、淋上酱油，盖锅焖煮到软烂为止，最后再放上蒜叶，维持蒜叶的口感。

钟妈妈得自己杀鸡，自己想办法摸索，总算过了年菜这关。我问她，婆婆有满意这道菜吗？她笑着说，新手上路，不满意也得接受。

厨房与农田是美浓女人的一生，苦了一辈子的台妹，娶了媳妇，也卸下重担，从此很少进厨房。中国东北的生活，让钟家养成吃面食的习惯。台妹在家里就喜欢擀面，包水饺，做面疙瘩，她喜欢吃酸白菜水饺、高丽菜与韭菜水饺。钟妈妈一开始很不习惯吃面食，但也得学习婆婆的手艺与味觉，才能照料一家人，她现在可以吃一大碗面，饭反而吃得少了。

钟妈妈是铁民老师口中的"山妻"，要自己种菜与料理。铁民朋友多，常常来家里聚餐，有时说好来三个人，结果一次来十多人，钟妈妈都得紧急应变，也磨炼出十八般厨艺。她还是司机跟提行李的跟班。我问钟妈妈有没有听过铁民老师的演讲，她说有时候会听，但若讲太久，她常溜回车上睡觉。钟妈妈其实是台南人，父亲跟母亲来美浓镇上工作，母亲生下她没多久就过世了，父亲无法照顾她，只好交给隔壁开旅社姓郭的人家抚养。闽南语很流利的钟妈妈，不管是跟养父母或生父这边的兄弟姐妹都很亲，有着客家与闽南交融的血缘。铁民老师常开钟妈妈的玩笑，你是河洛妹（闽南女人），钟妈妈不甘示弱，回应说你才是北京兄呢！

几年前，铁民老师过世之后，母女两人守着山中的大房子，舜文告诉我，妈妈一开始很不习惯，她常常得陪母亲一起睡。舜文的话触动我，一直想着要如何让钟妈妈开心？我问钟妈妈，有没有可能，我带旅行团的旅人来家里吃饭，让更多人吃到她的精彩手艺，热闹热闹增添人气？没想到钟妈妈竟爽快答应。好几次，我带二十人的小旅行团来笠山，走理和小径，听舜文讲故事，吃钟妈妈的料理，吃完饭，一起在客厅聊天，钟妈妈妙语如珠，逗得大家笑开怀，就像一家人一样开心自然。每个曾吃过钟妈妈手艺的旅人，总念念不忘她的菜肴。

有一次，快要过年了，钟妈妈邀我来家里先尝尝她的年菜。靠厨房的庭院，有一个大炉子，下面烧着柴火，打开锅盖，热气腾腾中，放着一大块三层肉、半只鸡、半颗冬瓜、半颗高丽菜，这就是客家大菜"大封"，小火熬了五个小时，已经焖到软烂可上桌了。

客家大封，其实料理很方便，只要材料摆好，开始小火焖煮，即可外出从事农务，工作返家后，打开锅盖，已经软烂透尽，就可以吃了。大封是美浓过年的传

钟妈妈坚持以柴烧烹煮客家大封。
（钟舜文提供）

高丽菜封。

统，甚至初二女儿女婿回娘家，也一定要吃大封，表达对出嫁女儿的情意。大封也是钟妈妈招待铁民老师众多文友的秘密武器，一次就能满足大家的胃口，又不怕吃不饱，只要事先预约、知道人数，再多客人也不怕。

大封看似简单，却需要花时间，除了有耐心，还得注意火候，火太旺就会烧焦，如果用瓦斯就能固定火候，但钟妈还是坚持用柴烧的传统。朋友笑他们很落伍，连住山里面的人都用瓦斯了，你们还在用电锯、斧头砍柴、烧柴。

钟妈妈今晚的大封，是改良版，过去婆婆教的，蒜叶铺底容易焦烂，而且太咸，她改用自己种的红甘蔗、连皮带肉削片铺底，没想到意外有蔗糖的香甜，而且咸甜中和后，味道就不会太咸，再加点儿米酒，增添香气。她强调，鸡肉一定要用阉鸡，鸡又大又肥，肉稍硬，焖煮之后，吸饱了猪肉香，肉质也会软烂，一般的鸡太小只，封起来肉太少，也会太软，反而失去口感。

这道从中午焖到傍晚的大封上桌后，真的把我的心给封住了。冬瓜跟高丽菜颜色虽然深，但不死咸，吸饱了猪油与鸡油的香气，很软嫩，里里外外，味道都透了。猪肉已经烂到轻轻用筷子一拨，肉就化开，而且散发蔗香，因为不加水，冬瓜跟高丽菜的水分也溶在猪肉里，吃起来不干涩。鸡肉也不油腻，骨肉一下就分离，鸡皮很甜，咬一下就融化了，再配上甜甜的蒜苗，就是简单的酱油香、蔗香与蒜香。

　　山居岁月平淡自在，钟妈妈说，早上浇水种菜，烦的时候就出去吹吹风，日子过得很快乐。

　　什么时候，该再去找钟妈妈一起吹吹风了？

❦ 客家大封

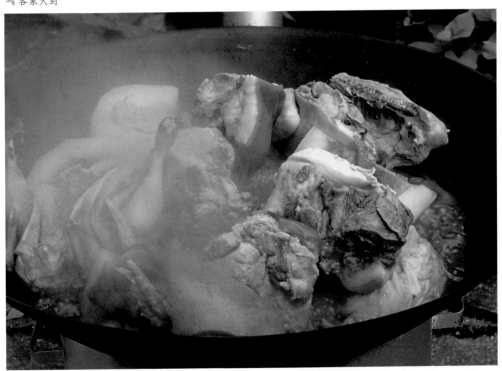

美浓满年福

要体验美浓的饮食文化，粄条街只能满足观光客的粗浅胃口，得进到美浓人家里的餐桌，才能亲炙日常生活故事，但如果没参与过美浓的当地办桌活动，就感受不到美浓完整丰厚的饮食底蕴。

年关将近的小寒时节，通常在农历十一月下旬到十二月二十五日之前（农历十二月二十五日美浓人称"入年挂"，意思是进入过年的时令，准备要迎新春），美浓客庄会举办特有的拜谢伯公（闽南人称土地公）的满年福祭典，答谢伯公这一年的照顾。

一年前，美浓朋友告诉我，满年福仪式结束后会准备热腾腾的宵夜咸粥，以及祭拜完、热炒的猪羊下水，隔天中午还有客家办桌"登席"（以家户为单位登记桌席的聚餐），吃传统美浓办桌美食。光听到咸粥就令我向往，马上预约了一年后的这趟旅行。

旅行，有时只是为了那碗在脑中熬了一年的热咸粥。

晚上八点，来到美浓福安里的开基伯公坛，参加满年福的祭典。这个伯公坛是乾隆年间先民从屏东越过茭浓溪，来美浓平原的灵山山麓开垦，为了保佑平安，就

❋ 登席上菜如打仗。

在山脚下建立的第一座伯公坛，被称为开基伯公，是美浓历史上最早的土地公信仰。

由于祭祀仪式活动冗长，我四处走走，来到伯公坛后方，看到一个厨师，手叉着腰，气定神闲，单手拿大锅勺煮两大锅粥。他又走到一旁，将绞肉、酱油、辣椒、蒜头与高丽菜干放入大铁锅，用双手大力拌炒，炒完后，他试了味道，点点头，看到我在一旁，也让我来试味道，香香咸咸油油，他将这锅碎肉末倒进粥里面，原本的白粥就变成咸粥。

刘师傅炒咸粥馅料。

他再由外而内一直搅拌热粥，越搅越稠，得不停搅拌五十分钟，才能让这锅咸粥又浓又香。师傅叫刘绍兴，是美浓六十年老牌饭店美丰饭店的老板，以前打过棒球，现在也在美浓担任少棒教练，他说工作忙，但是满年福、新年福的活动一定要来帮忙。

祭祀活动还没结束，但咸粥的香味已经越来越浓，我们等到晚上十点半，已经饥肠辘辘，但咸粥得在十一点才会上桌。师傅看到我的两个女儿也在等待，他盛了两碗粥让孩子先吃。女儿们兴高采烈地吹气开始吃粥，边吃边喊烫，又说好吃好香。我们几个大人睁大眼看着刘师傅，师傅索性又添了好几碗："你们也是孩子，赶快趁热吃。"

客家酸菜

我们几个人赶紧拿了粥，躲在一旁吃，怕被其他人看到。晚上天气冷，热腾腾的咸粥，即使味道又油又重，却是我等待一年的难得滋味。满年福的平安粥，让一群人聚在一起，端着粥，围在一起偷吃，偷偷摸摸的幸福感最难忘。

没多久，祭祀活动结束，员工端来两盆祭祀用的猪羊下水，师傅急忙清洗内脏，接着将内脏烫熟，再放入腌渍的客家黄豆酱、姜丝、辣椒与蒜头，开始大火快

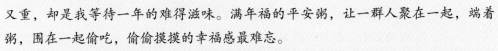

炒。炒好后，我又来试味道，有姜丝大肠的味道，但不够酸，刘师傅又再加了醋，最后撒上九层塔，大功告成。

外头各桌的信徒也都坐满，工作人员将下水装在大碗里，咸粥装在铁桶中，开始送到各桌。每桌的人安静吃粥，配着微辣咸酸的猪羊内脏，折腾一整晚，大家都累了饿了。这碗平安粥，抚慰了疲惫，伯公应该也很开心。

隔天中午，满年福的重头戏"登席"登场，地点仍在伯公坛，每桌九人，只要有登记缴钱，桌上就有姓名（一人三百元）。传统客家宴席分"粗席"跟"幼席"（客语发音，粗席就是一般宴席菜，幼席是比较细致、海鲜较多的宴席）。

一般来说，美浓的登席或喜酒，都在中午举行，客语叫"食昼"，吃午餐的意思。我的美浓朋友提醒，登席绝不能迟到，因为都是十二点准时开始，而且节奏很快，菜一道一道出，像在打仗，四十分钟左右，菜出完了，发塑料袋打包，登席就结束，平常政治人物来讲话，如果不了解美浓宴席的特色，只要迟到，大概就得唱空城计了。

今天十一点四十分左右，人就已经坐满了，小学孩子的歌舞表演完，十二点准时，鞭炮大作。一早六点就来准备的刘师傅团队，工作人员马上双手抓着托盘走出，上头放了四盘卤鸡，由于座位很挤，工作人员得冲锋陷阵，各桌很有默契地出手接菜，菜出完，工作人员马上赶回去装菜，再送往其他桌，如果送得慢，长辈就会开始碎碎念，太慢了，这样怎么来得及？

前面出菜紧张，后方厨房反而很沉稳，每道菜都已经准备好，堆积如山的小封、一长排的羊肉汤、酸菜、鱿鱼，刘师傅指挥若定，手也不得闲，一面舀热汤淋在羊肉上，一面提醒出菜顺序。先上卤鸡，再来是大封，接着冬瓜封与高丽菜封，羊肉汤、酸菜、鱿鱼、小封、清蒸鲜鱼，此时厨师开始炒姜丝大肠，一大盆满满的大肠，实在非常壮观。上完炒木耳之后，姜丝大肠也跟着上桌。

每桌的人都边吃边聊，但是嘴巴跟手都没停着，整个场地闹哄哄很热闹。十二点四十分，冰品端上桌，登席已到尾声，现场的人已经走了一大半，剩下的人几乎都忙着打包。

　　我忙着拍照，没认真吃饭，现场气氛热闹兴奋，看似兵荒马乱，却乱中有序，仿佛有种潜规则，外地人乍看会不知所措。这是美浓宴席的特色，出菜快，吃得快，打包快，迅速走人，不拖泥带水。满年福时节，正是杂粮作物、烟草的收成时刻，省下吃饭时间，大家下午才能继续忙家务与农务。

　　我利用员工收拾餐桌的时间又去找刘师傅，只见他用筷子专心地在锅里挑肉，我好奇地凑去瞧瞧，原来他在夹猪脸颊肉，得从骨头中剔出来，他说这才是最细最好吃的地方，你们吃不到，这是我们工作人员的福利。

细嫩的猪脸颊肉，特地留给登席工作人员享用。

　　他夹了一片肉给我吃，果然很细嫩。刘师傅吆喝大家好好吃一顿，桌上是师傅特别留给大家的好菜，我看着犹如打完一场仗的工作人员，挤在一起添饭夹菜，狼吞虎咽起来，刘师傅蹲在旁边，笑得很开心。

　　这才是最棒的"幼席"。

如果你想品尝美浓人的餐桌

阿招碗仔粄 高雄市美浓区中正路一段34号（邮局斜对面）

湖美茵民宿 早餐提供在地各式粄食 高雄市美浓区中山路二段782巷52号
（07）6817828

阿城粄条 高雄市美浓区中山路二段412号

钟妈妈家宴（限三十人以下，需事先预约）高雄市美浓区广林里朝元96号
（07）6814080

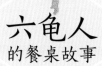

六龟人
的餐桌故事

波澜壮阔的小桃源

清晨，沿着山林小溪行走，

溪里的石头上浮荡着一层深绿色的植物，

住在这里的六龟荖浓里朋友称之为青苔，

那玛夏的卡那卡那富人则称其为川苔或水绵。

这是春天特有的食材，

我们用树枝捞起一大把湿滑黏稠如细丝的青苔，

洗净之后，当地人会拿来煎蛋煮汤。

我好奇他们怎么会吃青苔？朋友说，

春天到了，只有干净的溪水才会滋生出细嫩的青苔。

我尝了一口，味道淡淡的，滑溜溜的。

春天的气息，仿佛就隐藏在青苔饱满的青青秀色里。

我行其野的茇浓平埔

野菜、豆仔、地瓜、麻糬、烧酒鸡与大满，
这几样食物都是茇浓平埔人在农历九月十五举行夜祭时祭拜太祖的食材。

收起青苔，穿着背心与雨鞋的朋友问我，要不要吃山棕心？我抬头张望，哪里有山棕？只见朋友抽出腰间镰刀，一溜烟儿爬上小坡，抓紧一棵黑茸茸像树干的植物，砍下树叶长长的梗茎，再像削甘蔗般除去外皮，露出雪白的躯干，再剥去外壳，出现一小节像甘蔗的嫩白心，吃起来脆脆甜甜，水分饱满，除了生吃，还可以跟野菜一起煮汤。长在溪谷山麓潮湿地带的山棕，叶子能拿来当扫把，被称为扫把树，粗黑的棕毛则是传统农人蓑衣的材料，如果不经过仔细处理，很难想象外表粗犷的山棕骨子里如此脆嫩好吃。

❀ 削山棕心

我们回程一路认识野菜，采集野菜，山芹菜、山柚、山茼蒿（当地人用闽南语称捧彭英）、大花咸丰草（会黏人的鬼针草、恰查某），还有长着如黑色珍珠的甜甜小果实的龙葵。空手入山林却采回满满一大把野菜，如果

山茼蒿，土香气十足的野菜。

龙葵结着甜甜的黑色小果实。

不是对当地环境很熟悉，这些恐怕都是一般人视而不见的过路杂草。

吃野菜、青苔与山棕心，你会以为来到原住民部落，但这个一千多人居住的荖浓里，却又都讲闽南语，还有一间拜观音的清奉宫，乍看下就像是传统的闽南村落，只是其中住着一个骚动的平埔老灵魂。

这个位于荖浓溪畔隆起河阶地的村庄，其实超过三分之二的人口都是平埔人，是高雄最北端的平埔人聚落。荖浓人跟甲仙关山、小林的平埔人一样，几乎都来自台南玉井盆地的西拉雅大武垄社。当年大武垄社翻过乌山山脉，沿着楠梓仙溪流域抵达甲仙定居，有些族人继续前进，沿着荖浓溪往上走，停留在荖浓里的位置。尽管他们已被汉化，都使用闽南语，但仍维持公廨祭拜平埔神灵太祖的传统仪式。

今天是村里的聚会，中午要张罗平埔人的传统食材，除了野菜，还有糥。荖浓的糥跟甲仙关山以土豆、地瓜、香蕉为主的糥不同，他们会加入"八月豆"，就是农历五月种植、八月收成的各种豆子，他们会将豆子洗净、晒干后变成豆仔干保存，除了煮豆仔干排骨汤，还会与糯米拌炒成豆仔糥。

采完野菜后，先去走访莲雾园，六龟的莲雾与金煌芒果都是知名物产，也是荖浓人的主要农作。这个时节莲雾刚开完花，开始结果，得利用时间包裹萌生的小莲雾，让他们不受蝇虫骚扰，防止日晒雨淋。一个阿伯背着一个五颜六色的布包，穿梭在果园中，将小巧可爱的青白色莲雾一颗一颗地包起来，套袋底下还有个透明膜，可以掀开观察莲雾的生长情况。

一棵低矮的莲雾树最多可以包两百多个布包，整棵树远看像一只只白色的大蝴蝶栖息在树上。包莲雾看似简单，但阿伯一天得包三百多斤的莲雾，需要从早工作到晚，其实很不轻松。我好奇阿伯身上的布袋怎么会有字？他有点儿不好意思地说，这些都是选举的旗帜，选举后他会去抢旗帜，再将那些旗帜重新缝成布袋，因为这种用旗帜做成的布包重量轻，淋了雨也不会变重，非常好用。

挤大满酒。

才休息一会儿，又要开始忙着挤糯米酒了。这种酒是莙浓的特产"大满"酒，源于平埔语地名发音的关系，大武垄社又被称为大满人，我猜大满酒应该跟大满人有关联。经过浸泡、加糖、加酵母发酵三天的糯米露已经略带酒香，现在要将糯米露装在纱布里挤压过滤出汁液，装满桶后再发酵一两周，才是醇正的"大满"酒。

我帮忙挤出了浓稠雪白的汁液。这些装在纱布里、被挤干的酒糟还有妙用，莙浓人会做成酒糟煎蛋，这是早年阿妈吃的早餐，冬天早上较冷，吃了酒糟煎蛋可以暖暖身子，被形容为"营养到都会流眼膏"，但因为有酒味，小孩子觉得很苦，都不敢吃。另外酒糟加砂糖，还可以煎成焦焦的酒糟饼，也是饭后点心。

当然大满才是重点，我喝了冰过的大满，酸酸甜甜带着酒香，朋友说还有一种"饱又醉"的喝法，就是喝没有过滤、带着糯米的大满酒，又吃米又喝酒，一举两

饱又醉，喝还没过滤、带着糯米粒的大满酒。

酒糟饼

得。我当真就将还没过滤的糯米露舀一杯来喝，可以感受到米饭滑入喉间的感觉，很像在吃甜酒酿。

我在厨房进进出出，看大姐们先拌炒香菇、油葱酥与豆仔干，冒出油油的香气，突然一阵喧哗，原来是旁边砍木头的村民从劈开的木材里抓出几条肥嘟嘟的虫，一个大姐说这种肥虫炸过后很好吃，问我要不要补充营养。我想试试看，只要不生吃就好。肥虫炸过之后，撒点盐，一口咬下，酥酥的带点玉米香，滋味还不错。

大姐的馅料已经炒好，接着把蒸熟的糯米饭倒下油锅，用油锅的余温将馅料与米饭拌均匀，她用力铲着馅料与米饭，这一大锅饭，加上大满，应该会让村民饱且醉才对。

午餐就是上午的各种炒野菜，味道清苦回甘，山茼蒿则裹面粉去炸，呈现野菜天妇罗的酥脆口感。另外还有破布子煎蛋、槟榔心炒猪肉、树豆排骨汤与三杯野蜗牛，当然加上一大锅的豆仔糬，豆仔糬味道像油饭，油润香浓，跟我在甲仙关山吃的花生糬很不同。关山的糬没有加调味

🌿 炒豆仔糬

🌿 豆仔糬馅料丰富。

料，而是通过不断洒水、大火蒸熟的方式，纯粹地品尝清淡的米饭与花生香。

　　野菜、豆仔糬、地瓜糬、麻糬、烧酒鸡与大满，这几样食物都是茗浓平埔人在农历九月十五举行夜祭时祭拜太祖的食材。大姐还用干稻草制成头环，点缀各种小野花，这是夜祭时跳舞的头环。饭桌上众长辈吃饱喝足了，开心之余，开始唱歌跳舞，一位九十岁的阿妈也跟着起舞，毫不扭捏。吃完午餐、唱完歌，酒糟煎饼也上桌了，一口咬下，酒香中流淌热腾腾的糖膏，糖香酒香交织，一旁住在高雄茂林的

菜 三杯野蜗牛

菜 野菜天妇罗

菜 豆仔糯

鲁凯朋友提到，他们的糯米酒糟会再加糯米粉与水，增加黏稠度，将酒糟揉成面团状，包入猪肉馅，搓成椭圆的咸汤圆。餐桌上族群的交流，充满乐趣。

荖浓虽然几乎都是银发族，却保有乐观的青春能量，血液里留着当年先祖一路迁徙的不安定灵魂。

我问地方长辈荖浓这个名字的来源，他们笑着说，因为太爱这里了，"拢总留底这"（闽南语），所以叫荖浓。这是个玩笑话，这里其实原是个危险地带。住在河谷河阶地上的荖浓平埔人，过去得对抗山里神出鬼没的布农人的袭击，也许因此产生团结的聚落向心力，加上位置偏僻，相对保持了比较完整的平埔文化。像过去甲仙小林村的夜祭，因为中断许久才重新复兴，不少细节都得来荖浓取经询问。

不只山里有劲敌，变幻莫测的荖浓溪孕育生命，也带来威胁。发源自玉山东麓、流路与楠梓仙溪平行的荖浓溪，两条溪尚未合流成为高屏溪之前，荖浓溪已

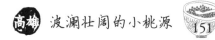

是长约一百三十多千米、流域面积达一千多平方千米的南部重要河川。这条溪流从高山起跑，一路蜿蜒汹涌奔向高雄桃源与六龟，因为地势崎岖起伏，河流如凿刀，将土地雕塑成陡崖、河阶与纵谷，还未被称为荖浓溪之前，布农人称这条河为"lakulaku"，意思是凶猛不定、令人敬畏之河。　荖浓平埔族一定经历无数次波澜壮阔的磨炼，才这么乐天知命。

　　朋友摘了一些还没成熟的土芒果要做成土芒果青。没想到端上桌时，酸酸的芒果青竟然要蘸用辣椒、蒜头与酱油调成的蘸酱，酸酸咸咸辣辣，各种滋味都有。或许，这就是"拢总留底这"的荖浓滋味吧。

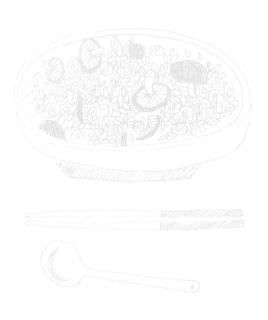

榡仔脚也有春天

经过村民努力，宝来现在又恢复昔日的面貌，
就像这个月桃叶便当，平淡中却充满让人眷恋的淳朴滋味。

当地朋友秀兰准备便当。

豆仔干排骨汤。

距离荖浓不远，宝来溪与荖浓溪交汇河阶地的宝来里，以温泉与泛舟闻名。这是个移民新生地，早年跟荖浓并成一村，后来才独立出来。居民不少是从嘉义、云林来此开垦，种竹种梅、树薯或是捡油桐维生。随着南横公路的开通，带动宝来温泉与荖浓溪泛舟，成为全国知名的观光重镇。只是"八八"风灾之后，南横公路无法通连到台东，游客变少，或是不再停留过夜，宝来也就沉寂下来。

我在宝来榡仔脚小区，跟当地朋友秀兰一起准备午餐便当，要去山里走走。今天的菜色很丰富，有地瓜饭、卤肉、香菇、笋干、菜脯蛋与一条咸鱼。我们用月桃叶包裹饭菜，我容易饿，包了两个便当，秀兰带着一锅豆仔干排骨汤，一起上山欣赏风景。

走在山的棱线上，眺望对面的山脉，金黄一片的景色，都是开花的芒果树。荖浓溪围绕山势而行，曲曲折折。来到一间赖家古厝，这是嘉义竹崎来的移民，在此种竹种梅，风灾之后搬离此地，房内还有当年遗留的日历，以及好几瓮未带走的梅子，尽管人去楼空，梅树依然盛放。

我打开便当，各种香气包在一起，加上咸鱼与月桃香，特别下饭，一下子就吃完了两份。豆仔干排骨汤颜色很深，以为味道会很咸重，却清淡不油腻。秀兰的外公来自嘉义竹崎，因家乡耕种土地有限，无法养活家人，就到宝来担任打石匠跟搬运工。家人上山割笋时，都会用月桃叶包咸鱼与米饭当午餐。以前一条咸鱼得吃一个礼拜，他们会把咸鱼存放在树洞里，上山的人会到树洞取出咸鱼来配饭。曾经有个年轻人不知道状况，竟把一整尾咸鱼吃光，被阿公痛骂一顿，秀兰才知道生活的艰辛。

🌸月桃叶便当，将各种香气包在一起。

平凡的宝来在南横公路开通后成为观光之宝，曾开过民宿、经营泛舟生意的秀兰，回忆当时生意好到只要有房间，就是客满，满到溢出来。只是造化弄人，风灾让宝来瞬间又回到原点。

朋友回忆，泥石流与大水的双重夹击让居民四处奔逃，甚至得利用电线当绳索绑在卡车上，搭溜索逃离到对岸。当时物资缺乏，又没电，餐厅营业者都把食材搬出来做成流水席，让居民自由取用。有一个养了二十头猪、八十多只鸡的村民，也决定把猪和鸡捐出来，他联系居民请他们来抓。当时秀兰住的区域路都毁坏了，无法进出，她眼睁睁看着猪被五花大绑扛走，大家都在户外烤肉，内心感到很无奈，只好每天吃炒笋干与笋干汤，长辈说"吃到都要软脚了"。

经过村民努力，宝来现在又恢复昔日的面貌，只是没有外在喧闹声，才有机会向内探索自己的特色。就像这个月桃叶便当，平淡中却充满让人眷恋的淳朴滋味。

这个小区在日据时期被取名为檨仔脚，因为附近有两棵高耸的芒果树，风灾后，秀兰、几个小区朋友、妇女与艺术家重新整理荒地，成立"檨仔脚文化共享空

刚出土的鲜嫩桂竹笋。

用笋壳包的碱粽。

间"的小区工坊，共同建立新家园。

早上我到小区工坊的菜园跟几个妈妈采菜，小小菜园种了芋头、龙须菜、彩椒、南瓜、玉米与丑豆，采完蔬菜，又用铲子松开泥土，将小小圆圆的羊粪埋在土里当肥料，希望芋头长得又大又健壮。负责田间管理的大姐带我们去竹林挖桂竹笋，细细的桂竹笋，才刚冒出五十厘米的身躯，正是最鲜嫩的时刻，只见大姐爬下斜坡，张望一下，找到目标后，用手轻轻一扭一拔，桂竹笋就弃甲投降，大姐扛起桂竹笋就像肩枪一样帅气。

来自嘉义竹崎的大姐，已经在宝来定居三十多年，一开始是种橘子，后来成为餐厅老板娘，现在生意平淡，就加入小区工坊负责种菜。采完桂竹笋，她说要送我一个神秘礼物，于是拿出一颗用桂竹笋壳包的粽子，打开一看，是我喜欢的碱粽，配上糖粉，三两下就吃完了，大姐笑眯眯地说，这是奖励我认真工作的礼物。回到工坊，大伙开始忙碌，起火的起火，洗菜的起菜，几小时后，小区妈妈料理的好菜纷纷上桌。

刚采下的龙须菜，清炒配上皮蛋与枸杞，样子可口讨喜。新鲜桂竹笋，只用豆豉拌炒一下，简单的好味道，烤桂竹笋配上宝来特有的梅子酱，又展现另一种酸甜滋味。六龟的特产莲雾切丁，加上核桃、黄椒、红椒丁，及细细的虾松，用生菜包起来吃，有着特别的脆度与甜度。传统的脆笋爌肉，油油亮亮的，这是用工坊的大灶，以传统方式料理而成，肉都卤到入口即化的软烂。还有一道现采的轻轻一扭一拔，桂竹笋就弃甲投降。

厨房大灶用木柴点燃，烧出古早味。

丑豆三吃，酥炸、梅酱凉拌与清炒，让平凡的丑豆呈现丰富的口感。小区共同打造的窑烤炉，除了烤面包，也烤比萨，每样食材几乎都来自小区经营的菜园。

听着小区妈妈说菜，沉稳有自信。她们用植物染装饰布置，让整个空间明亮艳丽。朋友指着用一年时间建造出来的大灶，虽然生火很难，得要有耐心，负责规划大灶与捏陶染布的李老师说，火苗持续到一个热度就可燎原。许多人尽管被烟熏得痛哭流涕，却是最难忘的回忆。

餐桌上的每道菜，都是他们小小的生命火种，还在燃烧，需要我们细心的呵护与支持。

❀ 莲雾生菜虾松

❀ 烤桂竹笋蘸梅酱

❀ 丑豆三吃

❀ 烤比萨

巷子里的无敌厨艺

走过生命幽谷，又遇到"八八"风灾的冲击，
吴底更能与自然共存，乐观地面对未来，
观光大街的繁华或沉寂，都不如巷里的小桃源这么自在。

🌸 吴底大姐在厨房切杏鲍菇。

中午走在宝来笔直的观光大街，没遇到几个游客，朋友说去吃碗素面吧。素面？我有些失望，不好意思婉拒朋友的盛情，拐个弯，往小巷走去，在一个挂着宝来茶坊的庭院前停下来，看起来不太像是餐厅。朋友推门进去，喊了几声，有一个戴着帽子的中年妇女从厨房探头出来。我们坐在长廊随意摆设的座位上，朋友点了素肉臊面，这位大姐随即进入厨房煮面。

朋友赞叹："无敌的面很厉害啊！"我心里犯嘀咕，只是一碗素面，凭什么无敌？一会儿，面来了，还附碗药膳汤。我仔细端详，青菜、素肉臊与枸杞摆得干干净净，大大方方，我把面拌一拌，吃了一大口，面有咬劲，素肉臊有股淡香，咸得恰到好处又不油腻，蛮爽口，素肉臊是这碗面的灵魂，没有一般素菜餐厅的素料

味，吸引我继续吃第二口、第三口，一下子就吃完整碗面，又喝完药膳汤。

朋友看我低头猛吃，微微一笑。我说，这碗面实在太好吃了，还真的是无敌。大姐笑着走过来，问我还吃得习惯吗？彼此介绍之后，才知道大姐叫吴底，是我听错了，但是吴底的素肉燥真的是无敌啊。大姐笑得很灿烂，问我要不要吃她的招牌炒饭，当然求之不得。我跟她进厨房，厨房很大很干净，大姐先用酱油、盐巴炒饭，再放入素肉燥、红萝卜，以及刚剪下、洗净的香椿叶一起拌炒。

跟素面不同，拌炒后的素肉燥、香椿跟饭已经交融在一起，更入味了，我边吃边问素肉燥的食材是什么？为什么这么有味道？大姐拿出一瓶由高雄田寮的寺庙僧人自酿的豆麦酱油，说一切靠这瓶甜而不咸腻的酱油，以及香菇、豆干、百页与香椿，每天一定现炒新鲜的素肉燥，从不放隔夜。

六十多岁的吴底，隐身在巷弄里，常年茹素，是虔诚的佛教徒。我很好奇吴底的料理功夫与故事，约好时间再来，希望尝到正宗的佛家料理。

隔了几天，我一大早就来找吴底大姐。从台北搬到宝来、开小餐厅二十多年的大姐，一面切菜备料一面聊起往事。她住在云林元长乡，家里务农，十多岁就带着八十块钱流浪到台北找工作，到泰山乡芭比娃娃工厂当操作员，每天站着工作十二小时，存了一笔钱，再去台北后车站的太原路学做衣服，最后开设成衣加工的代工厂。她的先生也做纺织业，经常带朋友回家吃饭，她就得去张罗料理，慢慢练就一身厨艺。

因为长期工作的压力，每天疲累到眼睛都睁不开了还是得加班赶工，最后身体出状况，她选择隐居乡间养身，来到宝来，改吃素，每天泡汤，呼吸新鲜空气，身体改善了，也开了素菜餐厅养活自己。吴底的客人都是附近熟客，有时包便当，有时来这里吃面，有时做外烩，但她大部分的时间都在务农与生活，小餐厅只是一个跟外界的沟通方式。

吴底的料理很简单，一道蒸南瓜，锅子加水稍微淹过南瓜，先放一点砂糖、酱

160

❀ 无敌的素肉臊面！

料、淋上酱油，一直焖煮到干，让南瓜口感软烂且能完全入味。炒杏鲍菇，先用姜爆香，淋上北港麻油、现摘的九层塔、香椿与米酒，起锅之后，姜、麻油、九层塔、香椿与米酒五种味道，都融合在杏鲍菇里，真是五味并陈。青菜也是焖熟，而非汆烫，再淋上素肉臊，滋味就很丰富。炒米粉做法类似炒饭，米粉放入酱油、盐、素肉臊、红萝卜与现摘香椿一起拌炒而成。

最后的重头戏当然是素肉臊的制作过程。吴底先用花生油炸香菇，再炸豆干丁，接着倒入无敌酱油、盐一直拌炒，关火后再撒下切得细碎的新鲜香椿，让食材完全入味，就是每日新鲜的素肉臊。看起来简单，却是吴底最无敌的厨艺之道。

走过生命幽谷，又遇到"八八"风灾的冲击，吴底更能与自然共存，乐观地面对未来，观光大街的繁华或沉寂，都不如巷里的小桃源这么自在。

离开宝来，越过荖浓溪，我想

起一个村民语重心长的话，他曾
看到荖浓溪里的苦花鱼被冲到下
游，仍逆游而上，仿佛是想回到
上游老家。他们习惯家乡的生
活，即使已山穷水尽，仍不想放
弃离开，要当回流的苦花，而不
是随波逐流的叶子。

　　河的那端是故乡，他们要带
着记忆跟希望，重新为河而生。

✿ 炒杏鲍菇（左）与炒饭（右），加入素肉臊，就提高了
味觉层次。

如果你想品尝六龟人的餐桌
✿ 荖浓夜祭与平埔美食体验 可洽询高雄市荖浓平埔文化永续发展协会
　　(07)6883061
✿ 楼仔脚文化共享空间 高雄市六龟区宝来里楼仔脚 32-8 号
　　(07)6883651
✿ 宝来茶坊（吴底的餐厅） 高雄市六龟区宝来里二巷 28 之 3 号
　　(07)6882619

甲仙人
的餐桌故事

晚上八点，甲仙街上的商家灯火，

一个一个睡去，马路一片漆黑，

只有远方的甲仙大桥醒着，绽放绚丽色彩。

"八八"风灾让南横公路中断，

原本是南横要道的甲仙，生意也不若往昔，

有人打趣说，

即使睡在马路上，也不会被车撞。

这个山中小城看似萧瑟，没太多资源，

我有些担心隔天早上可以吃些什么，

只有吐司三明治吗？

甲仙朋友要我别担心，附近有条早餐街，

小地方还有早餐街？我半信半疑。

甲仙早餐街，豪迈台哥面

老板娘将煮熟的面依序淋上猪油、麻酱与卤肉，好豪迈的一大碗面！

清晨七点半，我走在两条垂直交错各五十米宽的街道上，人声、摩托车声相互激荡，充满生气，路旁有店家与小摊，卖面包、吐司、汉堡、刈包、小笼包、煎饺、肉圆与面线糊。不少中学生、民众聚集在各摊买餐点，原来这就是早餐街。

我在一个小摊买蔬菜煎饼，这个包了满溢高丽菜丝的一大片厚饼，热热的饼皮嚼起来还带着甜味。我边走边吃，经过一台卖菜的小货车，几个老人聚着聊天。"少年人，你来这里做什么？"老人们看我带着相机闲晃，十分好奇。"我来走走，来照相。""我们这里什么都没有，要拍什么？"

我笑笑没回答。经过一个卖自助餐、卤肉鸡丝饭与海产粥的小店，看起来蛮吸引人，决定进去尝尝看。清晨五点半就开张的小摊，也有三十多年历史了，阿婆将虾仁、蚵仔、虱目鱼片与饭放入大碗，用大勺淋上热汤，霎时热气弥漫。海产粥视觉饱满丰富，吃起来热呼呼，味觉都苏醒过来，卤肉鸡丝饭的肉卤得很透很肥嫩，鸡丝也不干硬、顺口入味。阿婆说，过阵子七月竹笋盛产时，他们得关店三个月，上山采麻竹笋，再将笋子腌渍保存。"生意怎么办？""我们是做山的，大家都习惯了。"

另一天，我在早餐街看到一间没有招牌的面店，里头坐满客人，有当地人也有邻近那玛夏的布农人，我只能坐在门口小桌旁，点了麻酱面与馄饨汤。工作台上有三个圆桶，各装了猪油、麻酱与卤肉。操南洋口音的老板娘将煮熟的面依序淋上猪

❀ 卤肉鸡丝饭

❀ 甲仙早餐街上的蔬菜煎饼

油、麻酱与卤肉，好豪迈的一大碗面，让我顾不得已经饱足的胃，赶紧把酱料拌匀，大口吃面。猪油又腻又香，很有古早味，接着馄饨汤上桌，汤里浮着八颗胖圆的馄饨，分量也颇惊人。

店里人来人往，也有不少人骑车来外带，我问当地朋友生意怎么这么好？大家都用闽南语称面店叫"台哥面"，因为淋上猪油，让做山的人吃了有饱足感，加上生意好，筷套、卫生纸掉满地，桌子也油腻腻的，第一代老板娘忙到无法清理，才被称为"台哥"，不只当地人爱吃，更是甲仙游子回乡必来报到之地。"这个面就是油！"生意看似忙乱，老板娘边煮面边说好好好，却不会遗漏，被称为阿好姨。现在是接班的儿子与柬埔寨媳妇在经营，店面也算干净，不再"台哥"了，媳妇说婆婆退休后每天仍负责买菜，材料新鲜，东西才好吃。

早餐街的形成跟甲仙物产有关。甲仙盛产梅与笋，农人一大早就得上山工作，没时间准备早餐，都是到早餐店外带，也把小孩载到店里用餐，孩子们再走到学校上课。这种生活需求，形成早餐街的样貌，即使"八八"风灾过后，人口外移，修路的工程人员也仍来此用餐，还能维持一种热闹气氛。

　　一个看似偏僻的小山城，光是早餐街就充满惊喜。看来甲仙绝非只是路过之地，在商店街买买芋头饼、芋粿当伴手礼便罢了，深入探索，才知道这里的丰富精彩。

❀ 豪迈油香的台哥面，已由第二代接手经营。

嘉云巷瓜仔须

即使跟故乡嘉义已隔万重山，
但摆满龙须菜、佛手瓜、酱笋与笋干的嘉云巷早餐桌，让故乡不再遥远。

远离镇上，我来到关山小区的嘉云巷，一处山林里的清幽地。山中没有一点手机信号，仿佛将全世界隔绝在外头。清晨五点，我醒过来，开门走到庭院。天空依然沉睡。冷风瞬间从四周渗来，身体不自觉打了个哆嗦。突然看到前方黑暗处有点微光，忽明忽暗，一团黑影有节奏地跟着微光移动，我轻喊一声，"赖大哥？"

龙须菜

"起床了喔？"

黑暗中传来他的声音，微光朝我这边照来，原来是他戴的头灯。灯光又转向，缓缓移动，穿过黑压压的龙须菜田。菜丛轻轻地发出声响。光线一路往我这儿飘来。暗色中，借着光线，我看清楚赖云祯大哥的模样：长袖衬衫，鸭舌帽，背一个大箩筐。

他卸下箩筐，里头摆放二十把刚采好、用橡皮筋束绑的龙须菜，头灯照射下，像一列立正站好的士兵。我想象着，黑暗中，一盏孤灯，赖大哥像高深莫测的武林高手，微光一点缀到叶面，食指与拇指如落叶飞花，瞬间攫走藤蔓绽放的精华。这是他四十年如一日练成的工夫。

这里是海拔四百多米的林班地，风雾漫漫，曙光微露，竹林高木忽隐忽现。溪

嘉云巷赖大哥的龙须菜田。

水淙淙响起，远处传来几声山羌雄浑的低吼，静静幽幽。

这儿的地名很美，门牌地址写着东阿里关嘉云巷。日据时期嘉义梅山人与云林海口人来此开垦樟脑，赖大哥的叔公就是受雇来此的脑丁。这条深山之巷，现在二十多户几乎都是梅山人，云林人早已搬走。云深不知处，同巷的每户人家，彼此相隔也有几百米。但这个山区又被当地人称为班芝埔，班芝是平埔人称呼木棉花的发音，木棉树是平埔人的圣树，来自台南的西拉雅人习惯以此树为陌生地命名，由此可推想这里曾是平埔人活跃之地。

赖大哥来自梅山瑞峰村，父亲生意失败，家乡耕作面积又有限，于是决定举家迁徙到甲仙开垦。父母带着当年七岁的赖大哥和他两个兄弟，从竹崎搭火车到嘉义，转往高雄，换车进旗山，再从旗山步行五小时才到这里。他们靠种笋、芋头、树薯与姜维生，笋子在笋寮煮熟，再腌渍成笋干，有人收购卖去日本，树薯当年是猪、鸡饲料的主要原料。

种龙须菜是个巧合。日据时期，住在嘉义的日本人喜欢吃佛手瓜，用来煮味增汤（佛手瓜是龙须菜的果实，扁葫芦状，纹路像手指细缝，当地人称香瓜仔，佛手瓜幼藤长出的嫩芽细须，就是龙须菜，在地人称瓜仔须），嘉义开始流行种龙须菜，主要是取瓜不摘菜。梅山也跟着试种，但土地有限，并未大量生产。后来梅山人来甲仙班芝埔开垦，也把佛手瓜种子带来，自种自吃。这里气候稳定，冷热适中，群山围绕，台风不易进来，砾石土壤排水良好，比家乡更适合种龙须菜。而且龙须菜并不需要农药，只要水源充足、气候温和，四季都能茁壮生长。

四十年前，二十多岁的赖大哥决定专种龙须菜，慢慢有菜商进来收购，也吸引其他乡亲跟进栽种。嘉云巷如佛手瓜的藤蔓不断攀升牵引，从梅山翻山越岭，绵延成一条深巷，变成重要的龙须菜产区。龙须菜生长速度快，只怕农人不够勤快，两三天不采，很快就老了。从中午到晚上，这里一天有八辆盘商菜车进来收菜，每辆车收一千五百把（一把十两重）的龙须菜，一共要载出一万两千把销售到全台各地，现在嘉义的龙须菜，不少都是从这里运过去。

山中的嘉云巷不易遭台风，就算有狂风暴雨，也不会大量减产。龙须菜的藤蔓极为弹性柔软，风吹即倒，叶片大，彼此相遮蔽，不易被折断。"八八"风灾，联外桥梁被淹没，居民紧急搭座竹便桥，那个月风灾拉高菜价，菜车群集在便桥另端

清炒佛手瓜

在农家吃早餐，格外惬意。

守候，让嘉云巷的龙须菜仍能运送出去。

赖大嫂菊兰姐早已张罗好早餐。餐桌上有地瓜稀饭、姜丝炒龙须菜、蒜头清炒佛手瓜、酱笋煎蛋、笋干汤，还有清炒笋德（没晒过太阳，加盐发酵，保存在塑料袋的湿笋片，台语念笋德）。现采龙须菜够鲜嫩，只用姜丝提味清炒，就非常可口，似乎还能咀嚼到茎脉上的露水。前一晚吃菊兰姐用黄豆酱快炒的龙须菜，味道又香又重，但跟早上的清炒龙须菜一比，就逊色了，除了现摘的更新鲜，清淡滋味更能呈现龙须菜本色。佛手瓜也没什么味道，经过蒜头与盐提香之后，口感像瓠瓜，但水分更饱满更甜，菊兰姐刻意切成厚片，滋润多汁才过瘾。

看似普通的酱笋煎蛋，入口后才涌现惊喜。酸咸之味包在蛋里头，一开始只是蛋香，接着冒出酸香，如果运气好，吃到一点点软笋肉，更让人胃口大开。酱笋是甲仙人日常生活必备的腌渍物，竹笋切片后，用豆酱腌渍，放在罐子或桶子里，用三个月时间慢慢发酵到软透，像酸酸嫩嫩的起司。可以配粥吃，也能当调味料，例如清蒸酱笋虱目鱼，几片薄酱笋，就能提香鱼鲜之味。赖大哥还拿了他用糖、甘草与豆酱腌渍的酱笋让我试吃，口感甘甘的，配稀饭很爽口。

笋干是另一种味道。煮熟后的竹笋，晒过太阳成为笋干，加盐熬煮成笋干汤，吃起来有股清香，仿佛能咀嚼到太阳的气味。大片的笋德，取自竹笋最嫩的尾端部位，称为笋尾，先浸泡一夜，去除咸味，切成粗粗长长的模样，就是传统客家封肉

🌸笋干汤

🌸炒龙须菜

🌸酱笋煎蛋

的最佳配角，酸酸的口感能去除猪肉的肥腻。单纯吃清炒笋德，就是品尝竹笋发酵的酸味跟纤维感。

各种腌笋的料理，让餐桌充满客家风味。其实掌厨的菊兰姐就是苗栗大湖客家人，从移民历程来看，不少嘉义山区的住民都是桃竹苗客家移民。而嘉义客家移民则跟樟脑产业有关。日据时期，日本积极推动樟脑产业，中国台湾地区跟日本是世界两大樟脑产地，樟树一开始以台湾地区北部为主，但逐渐被开采殆尽，加上北部地少人多、台风与地震频传，影响农地耕作，当嘉义山区发现大量樟树林后，生存压力与经济动力促使北部客家人南移嘉义找生机，主要集中在嘉义山区的梅山、中埔、大埔、竹崎与番路。

靠山吃山，赖大哥从海拔一千米的瑞峰迁到海拔四百米的关山，即使跟故乡嘉义已隔万重山，但摆满龙须菜、佛手瓜、酱笋与笋干的嘉云巷早餐桌，让故乡不再遥远。

五里埔黑糖粥

将黑糖在热粥里拌匀，黑糖瞬间融化，糖香米香，甜在嘴里，热在心里。

　　嘉云巷有龙须菜，不远处的五里埔则以黑糖出名。土地有九成都属于山坡地的甲仙，五里埔是少数地势相对平坦的河阶台地，清代时被称为五里埔，因为从埔头到埔尾，大约五里长。这一小片区域是种植蔬果的好地方，一路上可以看到番石

素琴与善营两夫妻准备种甘蔗。

榴、芒果、甘蔗、芋头与龙须菜，甲仙人说这里种什么都好吃。

十二月初，清晨八点，太阳微微露脸。我跟着善营大哥采甘蔗，他不用农药与肥料，种的甘蔗比人高一点儿，只有一般甘蔗的三分之一长。他找出成熟、外皮已是深土黄色的甘蔗，左手抓蔗身，弯腰放低重心，右手用短锄头使劲儿砍根部，刀面与蔗叶、蔗身相触，发出快速的沙沙声。十分钟后，他已砍下十多根甘蔗。

他从腰间取出镰刀，一根一根仔细削去表皮叶子、须根。接着，刀起刀落，霎时将甘蔗砍成三截。他取出尼龙绳，绑好甘蔗，再用推车载回庭院，用清水冲洗蔗身，让甘蔗清清爽爽。我跟善营大哥分工合作，将甘蔗一根接一根送入榨汁机搅榨。一下子，土黄色的甘蔗汁就流泻出来，等装满一桶，抬去倒入一旁的铁锅。榨完的蔗皮没浪费，又重新用榨汁机再压一遍，让甘蔗老老实实吐出残余价值，再将干瘪的蔗皮，放在田里晒，当作土壤的肥料。

🌺 善营大哥正在处理甘蔗。

善营大哥蹲在炉子前，以龙眼木为柴火，用最天然的方式熬煮蔗浆。个子娇小、嗓门儿洪亮的太太素琴姐，取出铁勺、滤网在一旁等待。一会儿蔗汁煮沸冒泡了，她用铁勺不断搅拌蔗汁，使其受热均匀，不产生泡沫，以免溢出去，不时用滤网捞去浮上来的杂质与黑渣，有时还用绑在木棍上的干丝瓜布抹去锅边的残渣。

素琴坚持用手工搅拌，才能感受锅里蹦蹦跳的蔗浆，哪边比较松散，需要多搅

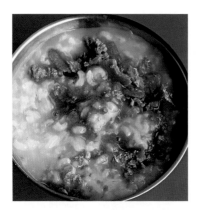
充满糖香米香的黑糖粥。

几次，哪边比较紧，可以少出点力。平常只有他们夫妻熬黑糖，一个人榨甘蔗，一个人顾炉火、搅蔗汁，非常忙碌，几乎无法休息。我在一旁被炉火熏得直冒泪，素琴姐笑着说，来这里都会感动到流眼泪的。

我已经饿到想流泪了。素琴姐看我工作勤奋，走进厨房准备午餐。半小时后，午餐上桌，桌上摆着拌黑糖的热粥、佛手瓜清汤、放山鸡蒸蛋、清炒龙须菜、酱笋炖排骨。善营大哥说平常工作没胃口，只要喝些黑糖拌热粥，就能胃口大开，连喝好几碗。素琴建议我将苦茶油与酱油拌匀，淋在白饭上，滋味更香甜。黑糖粥与苦茶油酱油拌饭，夫妻各有私房味。我将黑糖在热粥里拌匀，黑糖瞬间融化，糖香米香，甜在嘴里，热在心里。接着吃苦茶油酱油拌饭。透过茶油香气与酱油浓醇咸味的交融，就能吃光一碗白饭。

这道午餐桌，藏着他们夫妇的家乡密码。善营大哥是嘉义梅山瑞里人，海拔一千米的梅山，素以乌龙茶与高山甘蔗闻名，梅山香糖就是梅山的伴手好滋味。素琴姐来自嘉义番路乡，那里盛产苦茶油，难怪会招呼我吃苦茶油酱油拌饭。

日据时期嘉义成立大林糖厂，开始大量种植甘蔗这种经济作物，位在深山的梅山，也种植甘蔗，但因为交通不便，栽种面积与产量有限，只能自给自足。高山甘蔗因为温差大，生长环境较贫瘠，蔗糖风味层次反而更丰富。因为生活清苦，梅山朋友告诉我，他们都是用黑糖渣拌饭，母亲如果奶水不够，还会用黑糖水喂孩子。

快七十岁的善营大哥，身体清瘦硬朗，他父亲在故乡瑞里种稻、种杉木，但是海拔高，土地狭小，听住在五里埔的亲戚说，甲仙一带能开垦的面积比较大，他十八岁时，父亲带全家人搭着运杉木的大卡车，一路从嘉义到台南玉井，再越过山头来到甲仙。不过，他们来得比较晚，也只能到更远的深山、相对地势平坦的五里埔开垦。

一九五九年因为"八七"水灾的影响，素琴姐的番路家乡土地流失，无法种竹笋，因为先来甲仙五里埔附近山区"禁地"开垦的亲戚介绍（禁地是日据时期开垦樟脑时被列为禁止进入的地方，现在取同音字锦地），她父亲举家迁来甲仙禁地，当时素琴姐才九岁。父亲种竹笋、芋头与地瓜，为了生活，每天要挑扁担，扛番薯签与芋头，走路去甲仙镇上贩卖，一点一滴，累积安身立命的空间。

通过媒人介绍，素琴姐嫁给五里埔的善营大哥，跟着善营一起开垦，种稻、笋、梅、姜与龙须菜。灾难促使他们离乡背井，好不容易打下一些基础，新故乡的灾祸又让他们回到原点。

"八八"风灾之后，山崩了，路塌了，素琴一家无法割笋与采梅，将近一年没收入。素琴没有太多怨怼，只淡淡说，是不是天公伯知道我们孩子大了，不用去割竹笋了，就把我们的山收回去。风灾前，她开始思考什么是对土地、对人永续友善的方式，身体力行不喷药不施化肥，从事有机转型。原本没有种甘蔗，每次回梅山拜访亲人，善营的姐姐都会送自己做的黑糖，素琴喜欢那个味道，也想来试试看。

一年后，甘蔗收成了，黑糖不是焦掉，就是跟石头一样硬，因为他们没有在梅山仔细研究制程，无法控制火候，只得请姐姐的孩子来教，不断琢磨练习才大功告成。后来又遇到十几只山猪吃光他们数百斤的甘蔗，导致产量中断，客人得等上一年，他们也只能一笑置之，重新开始。他们的甘蔗好吃到连山猪也疯狂，更让我好奇熬煮后的黑糖滋味？

吃完午饭，又继续上工熬蔗糖。此时锅里的蔗浆非常浓稠，要更费力搅动。素琴招手要我到身旁，她拿了一个装满水的小锅子，右手突然伸入灼热的锅中，熟练地抓起浓稠的蔗浆，迅速放入小锅内，快速冷却凝固，拿起来时像个半透明的麦芽糖，这个软硬度就是素琴判断能否起锅的依据。阳光照耀下，这块软糖格外晶莹剔透，入口即化，毫不粘牙。

前后熬了四个半小时，金黄蔗汁已浓稠凝结，此时气氛突然有点紧张，他们赶忙叫我闪开，素琴像个大力士，两手用布端着滚烫的锅子，将锅子挪到一旁，夫妇开始用木铲继续大力搅拌。逐渐冷却的蔗浆，越来越黏越来越稠，再倒入一个用牛皮纸铺好的盘子上，用铲子将其铺匀。素琴姐从锅底铲下一些零碎的黑糖，这是最好吃的锅巴糖，一大锅才有这么一丁点儿。我伸手去抓，果然又烫又香，放在嘴中有如跃动的舞娘。二十分钟后，阿姐用刀子将凝结的土黄色黑糖划成横竖的格状，她很随性，网格线歪七扭八，跟她个性一样，不拘小节。

再冷却一阵子，最后把整盘黑糖翻过来，我帮忙把糖块剥成一颗颗黑糖，边剥边偷吃，手指头感受黑糖余温，口里、手里都暖暖甜甜的。刚刚砍下的一百一十斤甘蔗，榨出五十七斤的蔗汁，再经四个半小时的熬煮，只留下十三斤珍贵的黑糖精华。土黄色的黑糖看似粗犷，却是营养的象征。甘蔗粗制后产生黑糖，黑糖精制程度比较低，保留不少矿物质及维生素。再继续提炼精制，就会产生白砂糖与冰糖，但这两者却没有黑糖最初的养分。

由于台糖已几乎不制糖，除了虎尾与善化糖厂仍在运作，其他都改成观光工厂，大部分的糖都是从越南进口，尝不到台湾四季变化的饱满风土。在甲仙吃到小农自制的手工黑糖，实在是奢侈的幸福。

过几天，他们在田里种甘蔗，善营大哥先丈量田畦距离，再用机器犁田，素琴姐在一旁准备蔗种。我好奇蔗种的模样，原来就是削去叶子的甘蔗，甘蔗一节节的突起处会冒出小小的蔗苗，小苗埋在土里后就会发芽长大。素琴姐用耙子松土，叫我也来试试怎么种甘蔗。她走在前面示范，将一截截甘蔗依序直放在田畦里，然后用脚背将两边高起的泥土铲下，满满地覆盖在甘蔗上。踏在泥土上的感觉很舒服，

从榨蔗汁到熬黑糖的制作过程，每道手续都马虎不得。

我一路用脚背铲土、覆土，总算把一排甘蔗种完。

善营大哥招招手叫我休息一下，他倒了一杯深色饮料，说"没秘密喔"，憨厚的他竟出现捉狭神情。我好奇地喝了一口，又酸又甜又醇，是酸梅与蜂蜜的味道。他说，这是用浸泡在蜂蜜里的酸梅熬的梅汁，叫"梅蜜蜜"。

又酸又甜的真滋味，不就是善营与素琴的生命写照？跋山涉水来到异乡打拼，遭遇风灾的打击却又默默站起，重建家园。我暗自对土里的蔗苗说，明年此时，我将来采收亲"脚"种下的甘蔗，再畅饮我们的梅蜜蜜。

糯的流浪者之歌

两种很古早味的糯米饭，无油无肉无其他调味料，可以想见平埔人简朴的风格。

　　嘉云巷与五里埔的嘉义人，从故乡带来竹笋、龙须菜与黑糖。嘉云巷与五里埔这两个小地方，分别属于关山与小林村，是甲仙两个重要的平埔聚落。尽管都被汉化了，还维持着完整的聚落、特有的族群饮食，仍传唱祖先的流浪者之歌。

　　三百年前，他们是深居在台南玉井盆地的西拉雅大武垄社，由于受到汉族人在台南屯垦的压迫，需要找寻迁移之地。何处才是安居的新故乡？这让这个习于农耕与狩猎的族群费尽心思。

　　玉井盆地的东北方是曾文溪上游，沿岸都是狭窄的河阶台地，且地质贫瘠不适合农耕，北方是从台南沿海退移的西拉雅新港社，东部更是充满危险，得面临强悍的高山卡那卡那富人（现在定居于那玛夏，以前称南邹人）的威胁，于是他们把目光放到东南方，那里是楠梓仙溪与荖浓溪流域的中游（现在的甲仙、杉林与六龟一带），有山有水、有河谷埔地，适合农耕与狩猎，这里也许就是部族未来的长久栖息地吧。

　　清乾隆九年（公元一七四四年），他们携家带眷，带着耕具与武器，怀着不安与憧憬，越过乌山山脉，移入两溪流域，由南往北建立了瓠仔寮、甲仙埔与阿里关等聚落。阿里关最靠近深山的卡那卡那富人，成为平埔人、汉族人与高山人的交界地，不仅是武装的边境，也是贸易中心，高山人用鹿肉、鹿皮、鹿角、羌皮与藤，交换汉族人的丝织品、家具、裁缝、农具、医药与日用品。

一九〇五年，日本人在甲仙东北方山区发现大量的樟树林。为了制作樟脑，他们采用了"以蕃制蕃"的政策，将原本定居在阿里关的平埔人以及周围乡镇的散居平埔人集体迁到甲仙东北方地域边境的河谷地与五里埔，负责保护采樟脑的客家人，防止他们被高山人驱赶、袭击。相传迁移管理者是叫小林的日本警察，于是这里就被命名为小林聚落。

阿里关就是现在的关山。这里都是山坡地，房屋沿着坡地一层一层往上交错，小区几乎都是老人、孩童与外籍配偶。村落很安静，原本的中兴小学也已废校，荒芜一片，让这个村落更加静谧。

清早，我来到关山小区活动中心。中心的门口有五位伯母坐在椅子上，边聊天边整理鼠曲草。她们摘下鼠曲草的嫩叶嫩茎，这是清明时节的野地春草，黄曲色的小巧花瓣很灵巧，种子随风飘散落地，四处生长。关山平埔人在春夏交替时节，会用鼠曲草做成的鼠壳粿（刺壳粿、草仔粿）做应景食物。

伯母们正在聊天，她们皮肤黝黑，五官深邃，这是平埔血统的象征，虽然讲闽南语，却有种独特腔调。说着说着，越说越开心，却出现我听不太懂的语言，掺杂着闽南语，尾音重复，一搭一唱，好像在开玩笑似的。当地朋友说，她们在讲"香蕉白仔话"。这是独特的平埔密语。日据时期，平埔人为了防止日本人知道他们在说什么，每句话就两个字两个字重复，并且还要改变音调，可是现在会讲香蕉白仔话的人也不多了。我请长辈们解释聊天内容，她们笑着说只是在聊家里的小猫小狗，哪一只长大了，哪一只很顽皮。

我往山坡上的村落走去，进入一个小宅院。阳光下，庭院晒着两箩筐的鼠曲

整理鼠曲草。

草。我看到七十岁、背微驼的阿吉伯，正在一个大灶前添柴火。大灶上的锅子冒着热腾腾的水气，他掀开锅盖洒水，用隔水蒸煮的方式蒸糯米饭，这是平埔人的主食糍。浸泡一夜的糯米，先在大灶的蒸笼内蒸熟，阿吉伯要我尝尝糯米饭的原味，我抓起几把，烫手烫口，但颗粒分明，充满糯米的淀粉甜味。

🐾 鼠壳粿的馅料很丰富。

接下来要做香蕉糍跟花生糍。做法是将香蕉与花生分开搅拌均匀，花生糍要加一点盐提味，香蕉糍口感较甜，不用加糖，吃食材的原味。脸型饱满福态的阿吉嫂，来自小林村，制作糍的料理方式是跟母亲学的。她掀开锅盖，在水气弥漫中，剥去香蕉皮，把一根根香蕉放在糯米饭上。接着把浸泡盐水两小时的花生，也均匀撒在另一半的糯米饭上，再洒上盐水，盖上锅盖。这锅糯米饭，铺着满满的花生跟香蕉，不知道煮熟后会是什么模样？十分钟后，她再次掀开锅盖，用两根大木筷将熟软的香蕉块跟米饭拌匀，又洒一点儿水，再盖上锅盖。制作糍需要两小时，得不厌其烦地掀盖洒水搅拌，才能让米饭熟透Q弹。

阿吉嫂打开锅盖，用木筷再将糍拌一下，用手抓饭尝了一口，点点头，已熟透了。她盛了香蕉糍与花生糍让我品尝，平埔风味的糯米饭不像闽南人料多的油饭，又油又香。颗粒分明的糯米配上大颗大颗很有口感的花生，慢慢咀嚼，淡淡滋味，微咸带甜。黄黄的香蕉细丝藏在糯米中，散发着香蕉糍的自然甜味。两种很古早味的糯米饭，无油无肉无其他调味料，可以想见平埔人简朴的风格。除了花生、香蕉，糍还可以加入地瓜、芋头、番薯与南瓜的口味。

我仿佛也尝到数百年前平埔生活的滋味。公元一七二二年（康熙六十一年）

阿吉嫂在做花生糍。

来台担任巡台御史的黄叔璥在《台海史槎录》中描述他观察到的大武垄社的饮食特色，"饭，渍米水中，经宿，鸡鸣蒸熟。食时和以水。"日据时期，记载清代台南府风俗民情的《安平县杂记》也提到平埔人祭祀神明的"糫"是用"白米或禾米和荳炊之"，就是说糫是用糯米和杂粮煮炊而成。阿吉伯夫妇的糫料理过程，仍维持着与古籍记载相同的古法。

世居阿里关的阿吉伯虽然姓陈，却非本姓，他早已不知原先的平埔姓氏，母语也被闽南语取代。《生命的寻路人》这本人类文化学的著作谈到世界上众多语言消失的问题："当你失去一种语言，就等于失去一种文化、一项智慧遗产、一件艺术品。"还好，即使平埔人的语言消失了，阿吉嫂煮糫、包鼠壳粿的动作还是那么温柔细腻，想必从小就围在母亲身旁，耳濡目染学到的技艺吧。这种技艺在情感上的传承仍保留着族群百年前舌尖上的记忆。

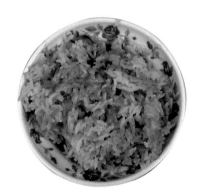

香蕉糫

花生糫

鸡角刺的叶子

小林村鸡角刺

家，没了，但美莲还有小小的新家与家人，
在这片小田地上，再一棵一棵，种回自信。

三四月时，在五里埔可以看到一大片盛放的紫色花球，花球周围是尖尖绿绿的长形绿叶，叶面长得像带刺的羽翼展开的翅膀，仿佛要带着花球冲天而飞。这是鸡角刺，小林平埔人最爱吃的食材。鸡角刺有个好听的本名玉山蓟。它是台湾特有的植物，也是台湾币千元钞背面左下方跟帝雉、玉山并列的植物。

民间认为鸡角刺有保肝活血、抗氧化的功能。以往小林村的四周种满了鸡角刺，小林人都是采收鸡角刺的根，汆烫、洗净之后再晒干，功能有点儿像人参，可以煮鸡汤，还能泡茶泡酒。小林的女人坐月子时会吃鸡角刺炖鸡汤，外乡游子返乡，母亲也会煮鸡角刺排骨汤、鸡汤来进补慰劳。风灾让小林村灭村，但现在在离原址不远处的五里埔重建的小林永久屋里，家家户户的庭院也种满鸡角刺。

鸡角刺炖鸡汤

跟素琴姐是邻居，住在五里埔小林永久屋，皮肤黝黑、眼睛大大的美莲，是小林村的平埔人。我在她家吃午餐，她住的两层楼的室内面积不大，每层只有十四坪，逃出小林的美莲姐一家十口就分住了两栋楼。我们几个人坐在厨房的饭厅，感到空间有些狭小。餐桌上的那锅鸡角刺很显眼，还有嫩姜丝炒芥菜、酱笋煎吴郭鱼与破布子煎蛋。

鸡角刺鸡汤料理不复杂，先将鸡角刺放入锅中煮二十分钟，熬出味来，再放入鸡肉炖煮，只加一点儿米酒，味道很清淡。啃鸡角刺的根，带点儿微苦，但是汤喝起来微甘中带点儿香气。酱笋煎吴郭鱼与破布子煎蛋也是老味道。先将吴郭鱼煎过，再放入酱笋一起煎煮，让酱笋的咸酸味充分融在鱼肉中，味道很爽口。破布子煎蛋将破布子的咸香与蛋香包在一起，虽然每吃一口蛋，就得吐一次籽，但是吃古早味，不能嫌麻烦的。

✿ 酱笋煎吴郭鱼

这些家常菜，都是美莲姐从小到大的家常菜，即使离开往昔的河谷地，来到崭新的房子，小林滋味还是不变。她以前在小林山上种了几十甲地的竹笋，清晨出门，一直工作到晚上才回家，一天得采收两千斤的竹笋。搬到五里埔之后，没有土地，只好租一甲地，种番石榴、百香果和鸡角刺满足日常需求。

满山的笋，没了，家，没了，但美莲还有小小的新家与家人，在这片小田地上，再一棵一棵，种回自信。

如果你想品尝甲仙人的餐桌

✿ 台哥面店 高雄市甲仙区和安街 34 号

✿ 海产粥 高雄市甲仙区林森路上，甲仙邮局旁边（林森路 44 号）

✿ 关山小区活动以及甲仙小旅行 请与甲仙爱乡协会联系 (07)6754099

✿ 五里埔素琴姐黑糖 直接电洽素琴姐 0932898226

那玛夏人
的餐桌故事

春分三月，山中微寒，细雨蒙蒙。

大清早我们搭乘四轮传动吉普车，

一路跳跃颠簸，吃力地行过石子路，

穿越高过人身的草丛，爬上陡峭小坡，

来到一处沿着山坡生长的默林，

上个月来这里踏勘，枝头一片素白，

摇曳着冷艳娇丽的暗香梅花，

才隔一个半月，已是冰玉落尽，叶间梅子色青如豆。

记得曾读过南宋范成大的《梅谱》，

他认为梅是天下尤物，长在山间、水滨与荒寒清绝之地。

这次我来到高雄那玛夏南沙鲁里的布农部落，

这个位于楠梓仙溪畔的深山清绝之地的聚落，

没有踏雪寻梅的诗意，却是跟着族人在雨中穿梭，

准备采摘尤物落尽后枝头上悬挂的一颗颗鲜翠的果实，

要制成口齿生津的脆梅，这可是部落一年一度的生计大事。

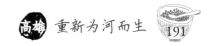

布农人的梅好生活

山上的生活虽然艰辛，却自在愉快，
麦坦儿说，这里其实收留了不少平地人，只要有山有土地，就一定不会饿肚子。

四月清明之前，七分熟的青梅适合做脆梅，酸甜爽脆带着嚼劲儿，清明之后逐渐熟成的黄梅，则是酿酒酿醋，或做成散发醉人熟韵的Q梅。

我们在树丛中拨开叶子，时而弯腰，时而举头，摘下一颗一颗青梅，装在腰间的篓子里，还得拭去脸上的雨水。布农妈妈麦坦儿眼疾手快，已经装满了好几篓，开始爬到树上继续摘梅，两个高壮的儿子春成跟春福，紧跟在后。因为下雨路滑，又湿又冷，我们提早结束工作，今天大概采收了三十斤，以往工作一天得带回一百多斤的梅子，这是一个跟时间、天气搏斗的工作，如果不够勤劳，等到青梅熟黄，就不能做成脆梅了。

回到家里，我们一起整理梅子，先用粗盐搓揉，去除梅子身上的细毛，大家再围着桌子排排坐，用锤子快速敲打每颗梅子，使果身产生裂缝，接着浸泡盐水两小时，让梅子吸饱盐水，去除苦涩味，一般机器只是将梅子打个小孔，很难完全去涩。泡完盐水，等到梅子颜色变黄了，再换山泉水泡足两小时，最后用脱水机脱水，装罐后注入调好的糖水，发酵一周，就成为清爽诱人的脆梅。

南沙鲁是那玛夏到甲仙的进出要道，但除了我们敲梅子的声音，整条街上很安静，很少有人走动。一台放着嘹亮台语歌的小货车缓缓驶来，麦坦儿说部落的百货公司来了，车上挂满各种衣服，许多布农妇女走过来挑选，戴着原住民图腾帽子的老板开始介绍，彼此闲话家常。老板是台南人，以前开女装成衣店，现在则在环岛

麦坦儿在春雨中采摘梅子。

开车卖衣服，他说如果不开车进来，部落妇女也很难外出买衣服。几个妇女东挑西挑，没有中意的，老板看看没生意，就继续往山里开。

没多久，一台面包车也出现了，这是从甲仙开来的面包车，开车的是裕珍面包店老板娘厉君，她每隔一天就会从甲仙市区送面包到关山、小林与那玛夏三个村落的杂货店，一趟车程来回要两三个小时，如果稍有延迟间断，部落就没有新鲜面包吃。厉君她家送面包到部落已有五十年的时间，以前是她父亲负责，现在则是她接棒。

❋ 部落的行动百货公司。

制梅空当，麦坦儿赶紧张罗早餐。她用盐与蒜头清炒部落种的高丽菜及佛手瓜炒鸡内脏，再做一个菜脯煎蛋，炒一道自己腌渍的酸笋肉丝，配上地瓜稀饭。一旁朋友则坐着剥箭笋，他用一根未剥的箭笋当工具，缠住箭笋的尖头，轻轻一绕就剥开笋壳。麦坦儿再用热水汆烫一下，加肉丝、辣椒快炒，就是一盘嫩脆新鲜的箭笋大餐。

我们围着炉火吃早餐，聊着刚刚采梅、制梅的趣事，这顿平凡的早餐，却能抚慰劳累湿寒的身躯，而且吃了好几颗脆梅，开了胃，添了好几碗稀饭，把桌上的菜都扫光了。麦坦儿说，以前部落没什么物产，早餐都是稀饭配黑糖，或是泡面配白饭，顶多煎一个荷包蛋，青菜炒内脏算是比较丰盛的早餐了。

虽然有部落口音，但是单眼皮、皮肤较白皙的麦坦儿，总觉得不太像粗壮黝黑

❀ 麦坦儿炒高丽菜

❀ 佛手瓜炒鸡内脏

❀ 菜脯煎蛋

的布农人，我问她是哪里人，这个不经意的问题，竟带出一段曲折的身世。她回答父母是平地人，住在台南麻豆。母亲生了三个女儿，无力抚养，都送给别人，因为大姐常常跑回家，最后反而留在家里。她年纪最小，满周岁时，父母要大姐背着她去送人，大姐边走边哭，背上的她可能也感到分离的气氛，一路跟着号啕大哭。没想到原本答应抚养的人反悔，只得帮忙询问是否有人要收养，最后辗转交给那玛夏的布农人，就这样从平地来到遥远的山上，从汉族人变成布农人。

年轻的麦坦儿在台中清水的纺织厂工作，原本要被做媒嫁到清水，后来她的布农养父反对，她就回故乡相亲，嫁给同村的布农人。我问她曾找寻过麻豆的家人与生母吗？她说布农哥哥曾建议她寻亲，还帮忙去户政事务所查询，查到生母地址，她就真的去麻豆找到生母，只见母亲一直不舍哭泣，她却没有太多感觉。也许母亲当年为了生存，有不得已的理由，但骨肉分离的伤痛，却让麦坦儿对家庭有了更执着的坚持。

山上的生活虽然艰辛，却自在愉快，麦坦儿说，这里其实收留了不少平地人，只要有山有土地，就一定不会饿肚子。她跟先生除了照顾两个儿子，还要负担四个小姑跟小叔的生活费与教育费，夫妻平日在山上工作，周末假日还得到高雄凤山当

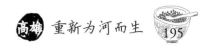

板模工才能维持家里开销。

"八八"风灾后，地势最低、离甲仙最近的南沙鲁首当其冲，泥石流淹没许多家户与那玛夏行政中心，连公所、图书馆、农会都遭到侵袭，有个孩子看到泥石流从山上冲下来，瞬间家屋就被淹没，这个孩子幸运地被土石推挤到对面的二楼上才得以幸免。春福那时正在睡午觉，家人不在家，他赶紧跟着其他村民逃离现场，连人带狗搭直升机迁到高雄燕巢工兵学校避难。这场泥石流的严重程度，仅次于甲仙全村遭掩埋的小林村。当时待在村落的一百多人，有二十多人不幸罹难。

与我一起围着炉火的南沙鲁里长回忆，住在避难所的那五个月度日如年，感觉在等死，不知道为了什么而活。当时主管部门要盖永久屋，将部落安置在高雄杉林，却要他们签署不得回原居住地盖屋重建的切结书（即承诺书），因为南沙鲁被视为需要放弃的险地。当时部落的人分成好几派，有人惊恐地想远离家园，有人举棋不定，一百四十户中，有十六户、二十多名居民决定跟里长一起回到南沙鲁重建家园。里长说，放弃南沙鲁的土地，住在异乡的永久屋，可能变成一无所有的乞丐，他只想把土地交给后代子孙。

家在南沙鲁

整个部落就是自己的家，我们喜欢的不只是吃，而是在一起的感觉，
即使只有面条、罐头跟水饺。

春福记得刚回南沙鲁时，整条街一片死寂，像战争刚结束一样，没水没电。大家开始清理家屋，整理菜园，麦坦儿跟另一个妈妈负责煮饭，大家有钱出钱、有力出力，每晚共食，围着炉火烤肉、吃地瓜、喝茶，讨论部落的未来。

❀ 清爽诱人的脆梅，完全手工制作，已成部落限时供应商品。

原本麦坦儿的梅子都是分送邻居朋友吃，风灾后，家人思考如何让梅子成为经济产业，因为盘商采购价很低，他们决定自己采梅、制梅，推出"家在南沙鲁"的品牌在网络上销售，由于是无农药、手工采摘与自产自销，很快就打出知名度。我们边工作边吃梅子，口感酸脆，很有嚼劲儿。麦坦儿将梅子装罐时，会用力将一颗颗脆梅填满罐子再倒入糖水，整罐六百克的脆梅展现沉甸甸的诚意。

傍晚五点半，麦坦儿开始炒菜煮饭，春福则负责烤猪肉、烤鱼。他将吴郭鱼鱼肚剖开，塞入辣椒与青葱，再将鱼身抹满粗盐，和猪肉一起烤。一小时后，晚餐上桌了，原本安静的街道有了声响，许多人不约而同地走进来，拿

起大碗装饭夹菜，边吃边聊。

今天晚餐除了肥厚滴油的烤猪肉、重口味的嫩烤鱼、清甜的高丽菜，以及口感像冰淇淋的紫地瓜，龙须菜氽烫后淋上酱油，比我在甲仙、六龟宝来吃到的还要嫩。佛手瓜丝煎蛋与龙葵炒姜丝也很入味，另外白斩鸡的蘸酱也很特别，加入了野生的山芹菜、酱油、辣椒、柠檬、盐与糖，多层次的重口味，让鸡肉滋味特别活泼。最后的树豆排骨汤也是布农人很典型的汤品，切成大块的厚排骨，加上树豆清爽的味道，让汤头不会太油腻。

🌸 麦坦儿准备晚餐。

晚餐时间，可能是南沙鲁一天最热闹的时刻。吃饱饭，大家静静地烤火，坐成一排望着无人的暗黑街道。"整个部落就是自己的家，我们喜欢的不只是吃，而是在一起的感觉，即使只有面条、罐头跟水饺。"里长语重心长。

麦坦儿可没闲着，她在熬煮梅子酱。她提醒春福，明天要早起采梅，不能睡过头。只要家在南沙鲁，一切努力都值得。

🌸 卤肉与佛手瓜丝煎蛋。

🌸 共食的餐桌，菜色很丰盛。

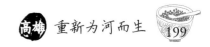

卡那卡那富，为河而生

那玛夏，这是当地原住民的卡那卡那富语，意思是河流经过的美好之地。

吴明益在《家离水边那么近》中述说了以步行方式体验花莲溪流的感悟，他写道："一条溪可能不只是一条水的线条，她应该是一条独特的生态系，饱含水分的地方史，一条美与残酷的界限。"或许，这条发自玉山西南坡、标高二千七百米，流经那玛夏全区的楠梓仙溪，对地方居民来说，就是一条饱含泪水与希望、美好与残酷的溪流。

这里在战后有五十年的时间叫三民乡，一个跟三民主义无关的原住民区域，有民族、民权与民生三个村，这个夹在阿里山与玉山间的遗世独立之地，也许是孙中山在天之灵最想来的地方吧。三民乡二〇〇八年更名为那玛夏，是当地原住民卡那卡那富语，意指河流经过的美好之地。据考"楠梓仙溪"之名也是源自同一字，只是当初因日语译为闽南语再译为汉字，出现了误差。二〇〇九年此区遭莫拉克台风重创，楠梓仙溪如暴怒之河，领着泥石流大军吞没土地，让当地居民流离失所，美好之地也支离破碎。

如今，天灾已远去，南沙鲁的布农人努力重建家园，另外还有一群不到五百人的原住民住在更接近阿里山的达卡努瓦里，他们仍在呼喊自己的名字，求索我是谁的答案。他们不是南邹人，也不是曹人，更不是布农人，而是卡那卡那富人。

那玛夏有三千多人，卡那卡那富人的比例不到六分之一，他们与布农人混居，彼此通婚，大部分人的母语都是布农语。尽管生活关系密切，彼此却仍知道是不同的族群，他们的体型、样貌、服饰与饮食习惯也不同，布农人皮肤黝黑、体型矮壮，被卡那卡那富人开玩笑称为小腿跟大腿一样粗，卡那卡那富人个儿虽不高，但身形修长，皮肤较白，鼻子高挺。日据时期，人类学家将他们归属于阿里山的曹人，后来曹人正名为邹人，他们又被称为南邹，但跟邹人的语言与生活习惯并不相通。一个卡那卡那富的朋友说，在家乡，我们是存在的，离开家乡之后，才知道这个族群并不存在。

其实他们一直与河共存，为河而生。

四月二十日清晨五点半，我站在楠梓仙溪河畔，河水滚滚湍急，流过石头发出巨大的声响。天色尚未明亮，一群穿红衣、戴皮帽的男子缓缓走来，他们后面跟着十多位头顶着编织细密、直接覆盖到臀部的山棕叶（卡那卡那富人的传统雨衣）的年轻人，这是卡那卡那富人一年一度的河祭，祈求河神保佑平安，赐予族人无穷的鱼虾。

众人站定后，只见将近八十岁的头目翁坤，先将嚼碎的米粒倒入河中，再把酒倒在大石头上，接着向天挥起渔网，又拿起茅草挥舞，用族语对着溪水讲话，大意是告诉河中鱼儿"快游啊，不要停"，再由身旁的长老拿渔网在溪流中捞鱼。头目对河神表达感谢之意，并回头提醒族人，要祭拜河，要爱护河，不要向河索取太多，拿我们需要的就好。最后将酒、米、地瓜与茅草放在河边大石上，众人再走回岸上，围着柴火坐在一起唱歌，整个仪式很简单，半小时就结束了。

中午河祭的庆祝仪式在一个广场举行，现场用竹子高挂着有鱼与螃蟹图案的旗

左：长老用渔网捞鱼，象征渔获丰收。中：用酒、米、地瓜与茅草祭拜河神。右：头目提醒族人要爱护河。

河祭的庆祝仪式中，族人牵手围圈跳起舞蹈。

子，茅草屋周围挂着山棕叶编成的雨衣用来遮阳。我掀开纱网走进厨房，几个大姐正在切菜、烤肉、蒸地瓜、南瓜与包 Tipi（地瓜、小米与糯米包成的饭团）。河鲜都是晚上现捞，数量有限，只有参加的部落贵宾可以吃鱼，他们桌上就摆着地瓜、南瓜、烤肉跟一尾鱼。大姐问我要不要先吃，我用手抓了她切好的几块烤肉，也吃了一个又大又圆的饭团，很单纯的小米与糯米香，再掺上一点点地瓜纤维。

❀ 河祭的午餐：地瓜。

❀ 河祭的午餐：Tipi。

❀ 河祭的午餐：烤猪肉。

❀ 河祭的午餐：鱼。

鱼肥虾大绿川苔，一口老姜一口饭

用菜刀敲开塞着月桃叶的竹筒饭，要先咬一口老姜，又辛又辣，
再用手抓饭蘸盐，一口吞下，咸辛与米香交会，舌腔充满强烈的气味，十分过瘾。

初来乍到，很难分辨布农人跟卡那卡那富人的差异，刚好布农朋友 Ibu 最近才吃了田鼠的生肝与蛇肉，还在回味那种滋味，卡那卡那富的朋友 Wuba 则面露惊恐，直言听不下去，因为他们不吃蛇鼠。Ibu 打趣说，布农人要打猎要耕种，很忙碌，没时间做菜，通常是两菜一汤，即龙葵与猪肉一起煮汤，捞起来，一道猪肉与一道龙葵野菜，再加上一锅野菜肉汤，就能打发了，或是准备鲭鱼罐头，将佛手瓜切块与罐头一起熬煮，有菜有鱼，也是两菜一汤。

🌸 布农人 Ibu（右）与卡那卡那富人 Giwa（左）是好朋友，
Ibu 活泼开朗，Giwa 含蓄内敛。

卡那卡那富人很重视食物的料理，除了吃野菜、吃肉，更喜爱河鲜，烤蒸煮、加盐与姜，呈现食物原味。Wuba 说族人春天都会吃河里的绿藻，也叫川苔，我们刚好经过小溪，他带我走下桥，趴在石头上，用一根树枝轻轻捞起川苔，再慢慢将

川苔卷起来，最后放在干净的手掌上，将水分捏干，川苔的吃法很简单，煮汤时放入虾、螃蟹、鱼，以及盐巴与老姜调味，起锅前捞起鱼虾螃蟹，再放入川苔快速搅拌，就是一锅河鲜浓汤。

左：卡那卡那富人在春天捞川苔煮食。
右：布农人的佛手瓜煮鲭鱼罐头快速料理。

卡那卡那富人 Giwa 嫁到布农部落，一开始也不太习惯布农简朴的饮食风格。她特别做了几道卡那卡那富风味的食物招待我，桌上放了一盘小小的河鱼，一个年轻人以侧肩投球的姿势，远远地对着这盘河鱼抓起一把盐帅气地丢撒到盘中，要让盐均匀布满鱼身。卡那卡那富人喜欢吃河鱼，河鱼煮七分熟就得捞起，煮太熟皮肉会碎烂，他们喜欢吃整条河鱼，像吹口琴般从刺最少的鱼背吃起，边吃边吸汁液，发出"啾啾"的咀嚼声音，部落长老通常都能从容地吃完鱼肉，留下完整的鱼刺。我们请 Giwa 示范给我们看，她吃得蛮干净整齐，却一直说许久没练习了，说起长辈的吃法，还有人连刺都可以吃下去。煮鱼的汤，加上刺葱叶与老姜，也变成一道简单的汤品。

不像布农人是以家户为单位，习惯单打独斗，卡那卡那富人重分享，捕鱼一定是全村出动，再平均分配。他们会用毒藤来毒鱼，做法是将鱼藤根部剁碎，把流出的乳白汁液洒在水面

左：空中撒盐调味。右：享用河鱼。

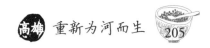

上，鱼被痲痺后会浮出水面，他们再收集渔获，分配给村民。用毒藤捕获的鱼，不能马上吃，要等毒性散掉才能食用。朋友说，有些小孩等不及，吃太多毒藤麻醉的鱼，会当场昏倒，得等上一小时才会苏醒。

　　除了水煮鱼，另一道卡那卡那富传统料理是烤竹筒饭。用菜刀敲开塞着月桃叶的竹筒饭，要先咬一口老姜，又辛又辣，再用手抓饭蘸盐，一口吞下，咸辛与米香交会，舌腔充满强烈的气味，十分过瘾。Giwa说吃姜可以增强能量，促进血液循环，族人会彼此传递老姜来配饭吃。卡那卡那富人也喜欢做年糕，又黏又香，常常取笑布农人做的年糕颗粒很多，不够细密。他们有一道用山苏叶包裹、一体成型的年糕叫"昂布乐格"，这是部落的分享包，互相馈赠，传达祈福分享的心意，年糕

 烤竹筒饭

❀ 蕗荞与蘸酱（梅子酱与辣酱）

❀ 用山苏叶包裹的年糕"昂布乐格"

❀ 淑芳的小米粽风味餐

❀ 才哥加了姜片的小米粽

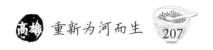

内馅可以包猪肉、鱼虾。我吃到的"昂布乐格"里包的是猪肉，黏稠的口感很像客家菜包，再配上山苏嫩叶，是令人惊喜的主食。

卡那卡那富人喜欢丰富多元的食材组合，即使是种小米或稻米的一小片田地，周围也会种菠萝、地瓜、小黄瓜与甘蔗，充分利用了空间。布农邻居的田间工作总是匆匆来去，常常不能理解卡那卡那富人到底都在田里忙什么。Giwa 端出一道俗称山地葱的蔬荞，味道比葱还要辛呛，这可以当开胃菜。她调了两碟酱料，一碟是自己做的梅酱，另一碟是酱油、小辣椒与刺葱调成的酱料，前者酸酸甜甜，稍微中和了蔬荞的呛味，后者的辣味伴着刺葱香，则让蔬荞的味道变得更鲜明。Giwa 通过不同食材的酱料组合，丰富了蔬荞原本单一的滋味。

那玛夏也有排湾移民，他们的主食是炒过碾成细碎粒的芋头粉，再包上猪肉馅，最后用假酸浆叶包起的奇那富。奇那富是一种水煮的长方形粽子，它也传到了卡那卡那富人跟布农人的餐桌上。卡那卡那富人也有一种小米粽（Savusavu），内容较细腻，以糯米与小米为主，再包入肥猪肉，裹上假酸浆叶，外面再包上月桃叶。我吃过曾在台北五星级饭店担任主厨、卡那卡那富的才哥包的小米粽，他开了一家木之屋餐厅，那里的小米粽还包了生姜，吃起来味道更重，但是层次更丰富，我蛮喜欢吃的。另一位经营发拉斯工坊、也经营餐点的布农人淑芳，她的 Savusavu 更有创意，除了小米与糯米，还包上地瓜、酸菜、红萝卜、佛手瓜与猪肉，加上假酸浆叶，最后再包裹清香的野姜花叶，吃起来香香甜甜，很有饱足感，也融入了更多当地的食材。

生命如河流，曲曲折折

也许是四处为家流浪惯了，生命如河流，曲曲折折，
卡那卡那富人对食物才会有这么多包容力。

在清朝乾隆九年（公元一七四四年）之前，楠梓仙溪中游的大片土地，一直是卡那卡那富人的猎场与生活区域。当西拉雅大武垄社受到汉族人移民的压力，逐渐从台南玉井盆地跨越乌山，来到杉林、甲仙，卡那卡那富人跟平埔人"易地而处"，把土地让给平埔人，以甲仙阿里关（今关山）为番界，卡那卡那富人就退到楠梓仙溪上游、现在的那玛夏区域，每年固定下山收租。

螃蟹是卡那卡那富人的重要象征。

这个转变过程并不完全顺利和平，双方有交战、有媾和，也因为族群的接触，引发瘟疫，造成卡那卡那富人口的大幅减少。他们沿着楠梓仙溪往山里走，一路寻觅定居地，水流湍急深邃、洁净丰沛，蕴含着肥鱼、大虾与螃蟹，还有可口的绿藻。也许是为了确定方向，或是感谢溪流的慷慨，他们一路上都为溪流取名，也许当年的族人也曾像后辈 Wuba 一样，趴在石头上用树枝卷捞川苔，用手掌捏干后，与鱼虾蟹煮成一碗汤。有蛋白质有青蔬，鲜美的滋味抚慰了他们长途跋涉的辛劳与彷徨。

终于来到河流两岸的高处台地，背后的玉

山山脉抵挡住东北季风的吹袭，又有干净水源，也是动物的绝佳栖息地。这个幽深美丽之境，让长老们松一口气，不禁呼喊出"那玛夏"，一个美好之地。为了感谢上天的赐予，溪流的滋养，部落以严肃虔敬之心，发展出河祭的仪式。也有其他族人不甘于留在那玛夏，继续横越高山，经过六龟的荖浓溪，最后来到卑南溪流域上游、台东海端的利稻与雾鹿，傍着新武吕溪开辟新天地。

这个漂泊的族群，总是命运多舛，迁徙到台东的族人，遇到了从南投、花莲南下，扩张猎场领域的布农人。神出鬼没的布农人被劲敌泰雅人称为影子，这群只对抗过平埔人的卡那卡那富人，根本不是他们的对手，部落里又有不少人罹患疟疾，只得连夜撤退，翻过卑南山，沿着荖浓溪奔逃。布农族没有放过他们，一路盯梢一路袭击，最后卡那卡那富人退到楠梓仙溪畔，不谙水性的布农人从远处监视，看到这群异族围在一起生火时竟吃着红红的炭火（其实那只是烤红的螃蟹），英勇的布农战士吓坏了，他们互相警告，这些是有灵力的敌人，不能杀光他们，否则会遭受天谴。

台东的布农人、卡那卡那富的长辈都记得这段故事，螃蟹也成了卡那卡那富人的大救星。当然，卡那卡那富也流传着另一个关于螃蟹的传说。传说有一条大鳗鱼挡住河道，引发了大水，最后英勇的螃蟹赶跑大鳗鱼，大洪水才退去。每次提到螃蟹，卡那卡那富的朋友就会开心地说，那真是好吃的东西，但是我运气不好，总没吃到。他们也讲了一个笑话，一个卡那卡那富青年抓到了一只山猪，他扛着山猪经过山沟时看到满地的螃蟹，于是将山猪放在一旁抓了螃蟹，然后再去溪流捞川苔、捕鱼虾，回家后拿所有食材煮成汤，再用香蕉与糯米做成麻糬（卡那卡那富语叫Bebe），以麻糬当汤匙去捞河鲜与川苔来吃，亲友一起彻夜狂欢，却忘了那头被丢在山沟旁的山猪。

重回楠梓仙溪之后，卡那卡那富人原以为可以享受宁静的生活，没想到日据时期殖民政府为了管理布农人，半利诱半威胁地将布农人从高山上迁下来，有一部分

人从台东海端迁到高雄桃源宝山，再慢慢移往那玛夏，接着在发生雾社事件与内本鹿大关山事件之后，台湾总督府用武力推行了布农人的"集团移住"政策，更多的布农人集体来到那玛夏，像南沙鲁的布农人，就是从桃源辗转迁来，落地生根。人为因素让布农人成为外来的强势族群，昔日宿敌竟融合在一起，让卡那卡那富人的族群界限逐渐消失，连名字也跟其他族群混淆。

他们渴望找回自己，"你知道你是谁，你就是一个'人'。"卡那卡那富的朋友告诉我。

风灾前，卡那卡那富人就开始主张为自己的部族正名，他们不再是阿里山邹人的分支，而是有自己名字的部族。他们恢复了没落已久的米贡祭（小米祭）与河祭，借由仪式找回共同的记忆。风灾后，族人暂离家乡避难，长老们先回到家乡，仍依照传统祭祀方式制作麻糬，再将象征团结的麻糬带下山，分享给族人。他们依然不厌其烦地提醒大家，不要忘记那条河还在等待他们归来。

那玛夏的等待，美好之地的追寻。那玛夏不是一个静态的名词，而是一种生命力的涌动。这条河充满过去，也充满未来。即使没有螃蟹帮忙打退大鳗鱼，只能靠自己，也要用嘹亮的歌声、坚定的信心对世界说，我们就是卡那卡那富人，我们就在那玛夏。

❀ 月桃花在五月盛放。许多原住民传统料理都少不了月桃叶，像是卡那卡那富人的烤竹筒饭、小米粽等。

如果你想品尝那玛夏人的餐桌

❀ 南沙鲁脆梅（可以上 Facebook 订购）
  https://www.facebook.com/home.at.nansalu?fref=ts（家在南沙鲁）

❀ 木之屋是卡那卡那富大厨才哥的餐厅，用当地食材搭配卡那卡那富传统食物
  高雄市那玛夏区达卡努瓦里三邻秀岭巷 225 号 0932847644（需事先预约）

❀ Giwa 的私厨（十人以上订餐需事先预约），E-mail： isbalidaf@gmail.com

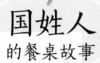

国姓人
的餐桌故事

傍晚，安静的空间有了骚动。

一向温驯的它，突然产生警觉，

顿时焦躁不安，四处窜动。

五名大汉走进来，慢慢走向它，

在主人温柔的安抚下，大汉们抓住它的四肢，

压制在地上，再用绳索绑住四肢，防止乱动。

有人拿出锯子迅速锯下它头上巨大黝黑的鹿茸，

它的眼神惊恐，不断发出哀鸣声，一直想挣脱。

一会儿，一对鹿茸都被取下，

如两把黑色火炬，又像是天鹅绒制成的黑珊瑚。

水鹿头上汩汩地冒出的鲜血都用塑料袋接住，

再用线绑住伤口来止血。

众人松手之后，

它立即站起，没了巨角，失去原来的威武雄风，

模样变得温顺，活蹦乱跳地跑到一旁吃草。

水鹿之乡

这里是南投国姓南港村，国姓素有水鹿之乡之称，
全台豢养的水鹿七成都集中在国姓，南港村是主要产地。

那次原本是想来了解"九二一"大地震之后乡里重建的状况，却意外被带到南港村看取鹿茸，令人大开眼界。

第一次看到取鹿茸，过程惊心动魄，一直担心它受到伤害。一旁的水鹿主人林大哥笑着要我别担心，硕大鹿茸的重量其实会困扰雄鹿，就像长指甲一样，如果不处理，长满密毛的鹿茸最后还是会脱落，然后再重新长出鹿角。从三月到清明节，是鹿茸勃发的时刻，林大哥跟邻居友人今天要取下五对鹿茸，忙完后，用火将鹿茸的密毛烤过去除，再用机器将鹿茸切成薄片。

我和一群人后来在林大哥家吃晚餐庆功，土鸡、福菜肉片汤、炒笋干与几样青菜，我们喝着用米酒浸泡鹿茸与新鲜鹿茸血的鹿茸酒，充满中药味，不难喝，但感觉有些燥热，大家都说鹿茸酒能滋补身体、养颜美容，还有壮阳效果。为了让鹿茸更有营养，水鹿喝的泉水、吃的牧草都必须干净有质量，鹿茸才会长得大又健康，一天得喂食四餐，他们笑说比照顾自己的父母还用心。

隔天中午，去林大哥堂哥福海伯的家，在一个三合院老宅，光线昏黄的厅堂，摆了一桌筵席，桌上是大阉鸡、炸溪鱼与溪虾、酱笋蒸鱼、炒米粉、猪脚、客家小炒与青菜。来自台中沙鹿的中药商已付钱买下鹿茸，依照鹿农的习俗就会摆一桌丰富大菜来请客。一对鹿茸估计七八万元，难怪福海伯的脸上堆满笑容，频频劝酒吃菜，席间我们又喝下不少鹿茸酒。那两天，大概是我身体最滋补的时光。

　　这是十多年前的往事了。现在兴建了通往国姓更便捷的国道六号，一旁连绵不绝的九九峰，像青绿的飞刀般又利又薄，一把接一把矗立在大地上。从将近六十米、有二十三层楼高的高架桥居高临下进入国姓交流道，犹如飞龙在天，盘旋而下，越过乌溪河谷，降落在云深不知处的国姓。这个交流道被许多人形容为最美的交流道，但国姓最美的地方，往往在不起眼之处。

　　这次重回南港村，见处处是牧草，午后细雨不断，空气中弥漫着鹿的气味，一个老农正砍着高耸的牧草，整理好要带回鹿舍喂食。走到南港村知名的百年林家古厝，不大的三合院，红砖、浅蓝色的窗棂，充满客家的传统特色。接待的主人福海

南港村林家古厝，可见传统客家特色。

伯已满头白发。我抬头看看屋里墙面挂的众多匾额，有谢东闵、白崇禧等名人的名字，阿伯提起，当时文学家白先勇的父亲白崇禧，为了入山打猎，还曾经借住在这里。

跟福海伯聊起往事，他说百年前"阿太"（太祖）从新竹北埔带家人移民来此，一开始以垦荒、打猎为主，山猪、山羌与水鹿都是家常便饭，后来开始豢养水鹿，以取鹿茸为生，才让南港村慢慢成为水鹿之乡，林家也不再吃水鹿了。当年的移垦家庭，开枝散叶成为百人大家族，吃饭都要击鼓敲钟，太祖母百岁生日时，席开三百桌，宰了二十八头猪，成为地方上津津乐道的故事。

国姓七成以上都是客家人，是南投唯一的客家乡，但是在这里传统的客家文化痕迹其实并不明显，乡民几乎都使用闽南语交谈，他们说，只要有闽南人在，怕他们听不懂，都习惯用闽南语沟通。只有在林家古厝里与福海伯聊天，还有回味起当年他款待的鹿农客家宴席，才感受到国姓的客家氛围。

乡民主要是桃竹苗（台湾省桃源县、新竹县、新竹市和苗栗县的总称）与台中东势的客家人，以从事樟脑业、香茅与农业开垦为主，不像南部客家人的集体移民有宗族组织保护，他们反而是为了生计四处移动的"散客"。一个朋友回忆，当年祖父是荷着锄头，在山头挖起其祖父与父亲的骨骸，分装在两个麻袋里，抱着家里的祖先牌位，从苗栗一路走到台中新社，越过古道，走着樟脑脑丁开垦的路线，来到国姓北港村定居。

国姓也是物产丰富的水果之乡，盛产香蕉、番石榴、橄榄、梅子、龙眼、荔枝、枇杷、洛神与草莓，由于都送往埔里交易，外界以为是埔里特产。更深层的原因，在于国姓客家人的特质，为了求生存，市场要什么，他们就种什么，这使得国姓物产虽然非常多元，却不易塑造品牌特色。依同样思维，就比较能理解国姓客家人在外都用闽南语沟通，在家里才会说客家话的奇特现象了。

北港黑猪赛神仙

猪吃村民吃剩的食物，村民再吃猪，这种模式就是以往农村的生活方式，加上神仙般的生活环境，令我好奇那里出产的是什么梦幻神猪。

　　这次再来国姓，其实不是为了南港村的鹿茸，而是为国姓东北方北港村的梦幻猪而来。那天，我在北港村的朋友家吃到红烧猪脚，卤得够香够透，肉质松软不烂，皮厚而Q，充满嚼劲，后来又端上一盘福菜香肠，福菜腌渍的香气更散发着当地客家人的口味。

　　朋友提到猪肉好吃，是因为北港村自产的黑毛猪，我走到哪，都会听到地方朋友聊到黑毛猪的话题。他们解释，这是养殖一年以上的熟龄猪，只吃每天晚上七八点到村民家里搜集的厨余，不添加其他饲料。这种猪的猪肉几乎供应给村民还不太够，每天早上八点就卖光了，朋友语带神秘："它们住的环境比我们还好，跟神仙一样。"

　　北港村清澈的山泉水。

　　猪吃村民吃剩的食物，村民再吃猪，这种模式就是以往农村的生活方式，加上神仙般的生活环境，令人好奇那里出产的是什么梦幻神猪。央求朋友带我找寻令人好奇的神仙宝地。我们去北港村街上找神仙猪达人王年国，他一家三代都是肉贩，年轻的他曾在台中的电子公司上班，为了继承家业返乡接班，现在是北港村唯一的猪肉贩。

　　刚收摊，略为壮硕、穿着雨鞋的王年国有点儿害羞，他点点头，要我们跟着他的小货车走。沿着北港溪支流阿冷溪的方向前进，一路蜿蜒而上，路越来越窄，越来越陡，我心想，猪怎么可能住在这里？这么高，这么远，没想到小货车还继续前行。停好车，空气很清新，带点儿湿润水气，往上走，远远看到几个有遮雨棚的木造屋舍，王年国随手摘了野生牧草，还有一种叫鹿仔叶的野菜，要帮猪仔们加菜，猪农会将这些野菜与地瓜叶一起剁碎，再将煮过的厨余淋下去，让叶子熟透软烂，补充猪群的营养。

大家在猪舍前停下来，周围着堆放许多木材，用来当加热厨余的柴火，猪舍里没闻到骚臭味，因为通风良好，猪农每天中午都会清洗猪舍、帮猪洗澡。一大群猪看到我们，有的继续睡觉，有的探头探脑，活力十足。王年国有个黑毛猪哲学，一般市面上是贩卖吃饲料的白毛猪，饲养半年体型就非常壮硕，能迅速出售，回收效率高；吃厨余的黑毛猪，由于要四处搜集厨余，猪农比较辛苦，而且厨余热量比饲料少，必须养到一年以上，体型才够大，所需的成本高，回收又慢。

梦幻神猪的家。

　　"口感Q，胶质多，也没有掺杂抗生素、'瘦肉精'的问题。"王年国说。许多外地人一开始不会料理北港村的黑毛猪，因为肉比较扎实比较韧，需要比较长的熬煮时间。他没事儿就四处去看猪、挑猪，先预购下来，或是跟猪农交流，增长知识。他在父亲的严格训练下，从体型、声音与毛色就能判断这头猪的年龄与体型是否合格。

　　一般猪贩只会去屠宰场买猪，但是王年国亲力亲为，挑到合适的猪之后，会抓猪回家再饲养一周，只喂麦片，改善体质。因为一次得抓十几头猪，每头猪都重达一百千克，往往会让他全身酸痛，甚至还会被猪咬，他需要通过掌握每个流程的状况，最终控制质量。他每天半夜起床工作，五点开市，到八点就卖完，他再去补眠，中午起床后，接着得洗猪栏、喂食麦片，工作辛苦，却甘之如饴。做事这么细心，难怪他的肉摊总是供不应求，开市三小时就销售一空。

听王年国讲"猪经"真是津津有味，他说他的祖父是新竹北埔客家人，年轻时就移民来此，种香茅、树薯、香蕉，市场流行什么就种什么，只为求生存，但收入总是起伏不定，一直到当了猪贩，供应村民好的食材，才慢慢安定下来。王年国也想专注于这份工作，坚持下去。他还研发福菜香肠，找客家阿婆腌渍福菜，放置一年后，让福菜味道更香浓，再与黑毛猪结合灌成香肠，这是他的独门秘方，也传承了北埔老家的故乡味。

苏东坡曾写过一篇《猪肉颂》，文中有句话"待他熟时莫催他，火候足时他自美。"意即猪肉慢慢煨炖，时候到了，自然味美醇厚，就像黑毛猪的饲养与料理，急不得，却要用心思照料。

朋友推荐国姓老街上的东南美餐厅，可以吃到当地黑毛猪的料理。这家老餐厅，门口春联是以刚劲的毛笔字挥毫写就，退色的菜单也是用刚正的毛笔字书写而成。我点了朋友推荐的广东卤味、锅巴面、油炸猪肩胛肉与福菜肉片汤。

先上桌的卤味拼盘，豆干、猪肝、猪舌、牛肉、腊肠与海带，排得整整齐齐、一丝不苟，还附上花生与泡菜，每样卤味都很入味，且入口并不干涩。上了锅巴面，铁锅里摆满了龙须菜与肉丝，我以为上错菜了，老板娘建议先用筷子与汤勺拌一拌，我才发现肉与菜的下方，藏着酥酥硬硬的面条，用汤勺切面，却感觉像切松软的蛋糕，原来锅巴面外酥内软，把肉菜拌匀之后，可同时享受酥脆与松软两种层次，难怪当地朋友会极力推荐。油炸猪肩胛肉是另一个重头戏，黑黝黝的带骨猪胛肉，取自猪的肩胛骨部位，每头猪只有两根肩胛骨，十分珍贵，得先炸过再仔细卤，抓着骨头边啃边吃很过瘾，黑毛猪的口感很有韧性，需要细细嚼，品味那种特别的咬劲儿。

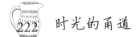
老板娘玉兰姐像个慈祥的妈妈，她先生邹国玺是退伍军人，一开始在国姓卖包子、豆浆等早餐，后来因为做菜好吃，朋友鼓励他开餐厅，于是成了当地人聚餐的好去处。邹先生过世后，玉兰姐跟女儿独力经营这家餐厅，虽然卖的是先生的故乡味，但仍吃得出当地食材的特色。

❋锅巴面

❋油炸猪肩胛肉

❋广东卤味

自在山庄，四哥家宴

朋友在北港溪畔有个自在山庄，庄主人称四哥，
每次来山庄，餐桌上的家常菜，无不道尽了国姓物产的传奇。

　　夹在埔里与草屯之间的国姓，一直不是知名观光地。如果说南投是台湾的地理中心、台湾的心脏，国姓可以说是南投的明珠。虽然国姓一半是山坡地，耕种面积有限，但是土地没开发，相对无污染，昼夜温差大，反而让量少质精的物产更具风味。再加上流经南投、台中与彰化，成为中部动脉的乌溪，其上游是发源自合欢山的国姓北港溪与南港溪，水质冰凉清澈，更孕育了风土活水。像梅子、橄榄、香蕉、番石榴、枇杷、草莓、枣子与洛神，随着季节变化，丰富多元，更充满客家小农精神。当地朋友习惯了这种山林生活，不四处张扬，更逍遥自在。

　　朋友在北港溪畔有个自在山庄，走过吊桥，潺潺溪水声响不断。门口一副对联"秋山观自在，春水探幽怀"，说出了庄主的田园归隐心情。庄主人称四哥，他是一个企业老板，为了让父亲重回传统三合院的田园生活，在北港村盖了这个山庄，将父亲从云林接来此地重温旧梦，安享天年。

　　四哥形容自己喜欢搜集老东西，包括古董、老茶、老梅、老萝卜与老酒，当地朋友笑他，只要老的他都爱，"除了女人之外"。每次从台中返回山庄，四哥一定换上拖鞋，背上相机，在山林四处走走。有一次发现家里庭院树上刚诞生几只小猫头鹰，他竟彻夜未眠，只是为了拍摄这些可爱的猫头鹰宝宝。

　　四哥的背景，也是一个流转家族的故事。父亲是彰化大城人，原本在彰化二林当医生，爱上医院院长的女儿，两人摆脱大家族的压力，来到云林二仑落脚自力

由上至下：酱萝卜、萝卜干鸡汤、酱笋、酱笋蒸鱼。

更生，当个自在的小镇医生。医生得会十八般武艺，不仅要能看内科、外科，还得会开刀，全村的孩子都是他接生的，甚至还要帮忙取名字。

四哥小时候，父亲送他一个小茶壶，让他学习品茶和泡茶自娱，长大后他没有依循父亲希望他从医的愿望，而是将嗜好化为事业，投入创新茶饮的市场。他虽然已是纵横商场的大老板，本质还是一个单纯的乡下孩子。有一次经过北港村，在一个小摊吃到福菜刈包（虎咬猪），老板将传统酸菜换成客家福菜，那种太阳晒过的酸咸滋味，加上北港村黑毛猪，让四哥涌起"田园将芜胡不归"的感触，决定在北港村买地，盖一间三合院，将老父从云林接来此地赡养，他的兄弟姐妹也经常住在山庄陪伴父亲。

父亲告诉四哥，这个三合院像极了彰化老家，让他度过快乐的晚年。父亲过世后，四哥花更多时间住在村里乡间，像个归隐江湖的樵人。

他不只隐居山林享清幽，更喜欢呼朋引伴来家里吃饭，不谈都市商场竞争，而是笑谈山林生活乐事，也让四嫂练就了一身好厨艺。他们有菜园、用山泉水养的吴郭鱼，宽

❀ 酱萝卜肉臊

敞的厨房与饭厅，从饭厅的超大圆桌可以看出主人的豪气。打开厨房的橱柜，里面都是各种酱料，几个大瓮装了酱笋、腌冬瓜与酱萝卜。这些酱料不是用来配稀饭的，而是客家人特有的料理秘方，用来煮汤、提鲜、蒸鱼与蒸肉。

四哥与四嫂虽然是闽南人却能运用国姓物产与客家腌渍品转化为自家餐桌的独门家宴。除了王年国黑毛猪料理的卤猪脚、福菜香肠之外，还有山泉养殖的吴郭鱼，可以用酱笋、咸冬瓜清蒸，也可以用切碎的酱萝卜来蒸。萝卜先用盐水洗过，晒干，脱水，再用盐与豆豉一块一块抹，彼此紧密交迭，存放三年的黑萝卜口感不

上左：卤猪脚。上右：洛神花蜜饯。下：福菜香肠。

咸，反而让鱼肉又鲜又美。

四嫂自己炒的肉臊也不简单，除了用黑毛猪绞肉，不用红葱头，而是放入切碎的酱萝卜一起拌炒，再慢慢焖到全部入味为止，肉臊用来拌饭，也能让我吃上两大碗。但四嫂的高丽菜饭最让人流连难忘，要用虾米、香菇、红葱头、肝肠、高丽菜与白米饭焖煮而成，撒点儿胡椒，光是菜饭就能有饱足感，也是四哥最喜欢的家宴菜。

四嫂的汤品也是一绝。除了酱萝卜与萝卜干煮鸡汤，国姓盛产橄榄，四哥会制成橄榄酒，也会做成腌橄榄。用腌橄榄与放山鸡、鸭熬成橄榄鸡汤与橄榄鸭汤，虽然汤头颜色又深又浓，但是喝起来清香又能回甘，一直是四哥家宴的必备汤品。

我很好奇四嫂的厨艺是怎样练成的。老家在云林西螺的四嫂，说自己记性不好，做菜没有食谱，也记不住食谱，都是凭感觉走，长期受到婆婆跟妈妈的影响，因为公公当医生，非常好客，常常请朋友来家里吃饭，有时被招待去酒家吃饭，回来会描述菜色味道给她婆婆听，婆婆用心揣摩，隔一阵子就能做出一样的菜来请客，等于吸收各种精华转换成自己的家宴食单。四嫂吸收婆婆与妈妈的经验，来到国姓之后，再运用国姓的食材、各种客家腌渍品，练就了青出于蓝的厨艺。

前阵子，四哥在山庄旁开了餐厅，将家宴转化为餐厅菜单，让旅人能尝到他们的餐桌故事。一道开胃菜叫严父味，这是将父亲喜爱的乌鱼子炒成乌鱼子松，包在凉粉皮中，成为乌鱼子手卷；另一道是慈母羹，四哥的母亲生前喜爱做扁鱼白菜与鸭肉料理，他也怀念小时候在西螺吃过的豆皮羹，于是就以豆皮羹为汤底，搭配扁鱼白菜以及烟熏鸭胸，做成这道汤品。四嫂的拿手菜，是以酱笋、酱萝卜与酱菠萝为调味的咸水蒸吴郭鱼，称为四嫂蒸鱼，她的高丽菜饭也端上餐桌，叫淑芬菜饭（淑芬是四嫂的名字），让四哥惊艳的福菜刈包，也不能错过，将原本的刈包换成特制的南瓜包，除了福菜、黑毛猪、花生粉，还有小黄瓜与生菜，取名"胡不归"，希望旅人能多在国姓停留。

✿ 四嫂的高丽菜饭。

　　淑芬菜饭的米饭也有来头，叫冷泉米，来自距离北港村十分钟车程的赛德克清流部落。冷泉米是以合欢山融解的雪水灌溉而成，这让我想起日本雪国新潟县的越光米同样是以融化的高山雪水灌溉而成，环境的严苛，反而变成人类培育物产的驱动力。另外，电影《赛德克巴莱》的故事，也吸引我想去清流部落走走。

清流部落，冷泉好米

将饭捏握扎实一点儿，蘸蜂蜜吃下去，
洒了盐水的红豆饭略有咸味，配上蜂蜜，滋味很特别。

　　进入跨过北港溪的清流桥，就到了清流部落。这座山谷过去被称为川中岛，是眉原溪与北港溪合流的冲积台地，一面环山，三面环水，进出得靠桥，与世隔绝，是个天然的集中营。一九三〇年发生了雾社事件，于是一九三一年日本人将莫那鲁道的马赫坡社二百九十八位遗族强制迁移到这里。来到川中岛那天，大雨滂沱，衣衫褴褛的族人，徒步走过竹子搭成的简陋栈桥，被集中监管起来。为了管理族人，这里成立了农事班，教导族人开辟水田，禁止他们打猎钓鱼。从此，种植水稻成为他们最主要的工作。

　　整个部落都被山围绕，平坦的地方都是一畦一畦的稻田，部落则集中在地势比较高的坡地上。晴天时阳光和煦，阴天时雾气蒙蒙，远方的山岚像缎带般包围着整个部落。原本这里有十八户汉族人在此定居开垦，日本人先迁走他们，再将马赫坡社遗族圈禁在此，部落没有其他生计，只得开始学习种稻。这里的水温

🌸 清流部落被群山围绕。

🌼 逢收割期，几个部落妈妈正弯腰割稻。此处生产的台粳9号良质米，以"川中米"的品牌逐渐为人所熟知。

在摄氏十度左右，水质清冷，又富含矿物质，加上无污染、昼夜温差大的环境，稻米生长速度虽比较慢，但质量优良，一年两获，每年六月与十二月是收割期，现在部落也以川中米为品牌，对外推广。

春天的时候，走过田边一条叫清风路的小路，我来拜访汉名是曾秋胜的巴万，他在电影《赛德克巴莱》饰演莫那鲁道的父亲。巴万务农也做营建，这几年专心种杨梅，酿杨梅醋、杨梅酒。巴万的儿子曾伯朗则是北港村北梅中学的体育老师，专门教角力，伯朗也出演了《赛德克巴莱》，更担任了剧组的体能教练，负责训练演员体能。

巴万的太太露比正在蒸红豆饭。不到十分钟，红豆饭蒸好了，我以为要用饭勺来盛饭，巴万笑着示范部落的吃法——用手抓饭，再蘸他采的野蜂蜜来吃。抓了饭握在手心里，没想到烫得要命，几乎握不住，但是将饭捏握扎实一点儿，蘸蜂蜜吃下去，洒了盐水的红豆饭略有咸味，配上蜂蜜，滋味很特别。我发现舌头已经习惯熟食的温度，并不怕烫，但是手心很少碰过烫的东西，难怪握到热腾腾的饭会无法适应。

红豆饭蘸野蜂蜜。

边喝杨梅酒边聊天，巴万告诉我，他全家七个兄弟姐妹几乎都参与了电影《赛德克巴莱》的演出，他聊到当年父亲被迫从雾社迁来川中岛的故事。他的父亲十六岁参与了雾社事件，现场血流成河，原以为无人生还，没想到一个警察的五岁儿子没死，从尸体中挣扎爬出来，边走边哭，巴万的父亲起了恻隐之心，用披风包住这孩子，亲自带他去埔里，交给当地平埔人，再转交给日本警察照顾。

没想到当年死里逃生的孩子后来长大了，五十多岁时，从日本来埔里询问，想找当年的救命恩人，辗转找到他父亲。当时巴万的父亲已经六十多岁，中风卧病在

露比在蒸红豆饭。

巴万示范父亲在雾社事件中用过的刀。

床，听到村里广播有电话要找他，父亲说，还是不要见面吧，一切平安就好。最后，这个日本人并没有见到救命恩人，抱憾返回日本。

走在田埂上，迎着清风，往昔肃杀的历史情境似乎已经远去。仍喜欢入山打猎的巴万，唱起《赛德克巴莱》里他与莫那鲁道父子对唱的那首歌："这是我们的山喔，这是我们的溪喔，我们是真正的赛德克巴莱。我们在山里追猎，我们在部落里分享，我们在溪流里取水……"

这里不是雾社老家，但这里仍有高山溪流，这里的人还是骄傲的赛德克巴莱。

巴万的杨梅熟了。

如果你想品尝国姓人的餐桌

东南美小吃 南投县国姓乡中兴路 324 号 (049)2721423

秋山居 四哥在山庄旁开了一间民宿与餐厅，把他们家宴的特色与故事，转变成餐厅招牌套餐。
南投县国姓乡北港村北原路 36-2 号 (049)2462302

顺道一游 清流部落在仁爱乡，但紧临国姓。
因为电影《赛德克巴莱》的关系，常常有许多人来拜访巴万，巴万也开始经营文化导游事业，旅人可以在他家用餐、体验，有人数限制，需事先预约。
南投县仁爱乡互助村清风路 70 号 (049)2941122

南屯人
的餐桌故事

麻笋苦香迎夏天

一大清早，我在台中的南屯老街被抢了。被抢走的是一个饭团。

事情是这样的，我经过祭祀妈祖、已有三百多年历史的万和宫，

正要进入林金生香这家糕饼老店访友，突然闻到食物香气，

发现隔壁的早餐店门口聚集了很多人。

这家小店只卖蛋饼与饭团，

看起来不太起眼，却引起我的好奇，也凑过去排队。

我跟老板娘点了饭团，可以选择瘦肉或爌肉，

老板娘娴熟地放了卤蛋、小黄瓜、肉松、油条、酸菜、

豆干与两片瘦肉，迅速揉捏成扎实饱满的大饭团。

饭团才放在我面前，冷不防一只手突然伸入，我还没来得及反应，

饭团已瞬间消失。一回头竟是一个戴安全帽、骑摩托车的阿姨。

我轻喊："抢劫！"老板娘愣住，连那位阿姨也呆住了。

她小声说："以为是我点的。"当下饭团人质又被释放回来。

没想到吃个早餐还这么惊险。历劫归来的饭团果然好吃，

馅料多，有古早味，瘦肉口感不柴，还颇有弹性呢！

老街的晨光奏鸣曲

已有三百多年历史的南屯老街，这些日常的生活风景，
在豪宅林立、流行风格强烈的台中市自成一格，仿佛与世无争的宁静国度。

吃完早餐，走进林金生香这个木造的老店铺，空间氛围仍蕴含着老时光的气息。这里有红砖拱廊与土角厝墙面，有用来拜拜、咸中带甜的饯龟糕，有古早造型、粉红色包装的婚嫁的器具，有浸润百年的油糖面粉和已呈现象牙般光洁的木头饼模，还有斑驳的掬水轩糖桶。清朝同治年间开张、已有一百六十多年历史的南屯本地糕饼店，一直是当地人拜拜、婚嫁与伴手礼必来采购的地方。店面的第五代传人林玉凡、林宜勋这对年轻夫妻，告诉我在老街吃早餐不能太客气，由于只供应给当地人，数量不多，如果太客气就没得吃了。

宜勋的阿妈从对面的艳星美发院走出来，顶了刚吹好的蓬松干爽的发型，笑着跟我打招呼。宜勋说，这里的阿妈都在艳星洗头，每个人的发型都一个模样，数十年如一日。我跟阿妈说，你们这里的阿妈个个都是艳星啊。

阿妈问我有没有口渴，带我去斜对面万和路与南屯路口、有二十多年历史的南屯金桃汤喝饮料。老板娘正在烤地瓜，蜜到透红发亮的地瓜很吸引人，鲜艳的杨桃汁排成

✿ 古早味的饯龟糕。

中南米麸店的香气与声响，已在老街弥漫了近四十年。

一排挺壮观的。我点了用果汁机将鲜奶与地瓜打成的地瓜牛奶，香浓的地瓜滋味，味道蛮特别，还会尝到些许地瓜纤维的口感。

这条街上会不时传出特别的声音。金桃汤对面的中南米麸店，是一栋红砖建成的二层典雅洋楼，那里不时会发出"砰"的一声，随即烟雾四起，米香也跟着飘散开来。他们用糙米、黄豆、小麦、薏仁、黑豆等原始食材，通过高温高压气爆研磨制成的各式米麸，是以前奶粉尚未普及时民众主要的营养饮品，这个声响，这股气味，已在老街弥漫了近四十年。

金桃汤附近一早还会出现铿锵的打铁声，这是庆隆犁头店老师傅捶打生铁块的声响。炉火嘶嘶轰轰，铁块乍红

刻有"犁头店"字样人孔盖。南屯古名即为犁头店街。

即灭，老师傅得抢时间敲击塑形，挥汗专注工作的他有时也会跟往来的路人点点头。走廊上陈列着锄头、铁耙、钢刀与镰刀等各种刀具农具，这些农业时代的用具也许使用的人越来越少，越来越老，但老师傅还是坚守自己的岗位，使劲儿敲打着南屯老街的灵魂。

上午九点，南屯桥边一间招牌字体已模糊不清，拥有八十多年历史的泉丰豆腐店，豆浆、豆腐早已卖完。老板正在清洗店面，还有不少人骑车带提锅来询问，他都充满歉意地回答卖完了。这间老店仍用传统手工制作，不加防腐剂，老板每天清晨两点起床工作，得先了解当天气温状况，分辨黄豆的质量，才能决定熬煮与压榨的时间。当地早餐店售卖的豆浆几乎都是用泉丰香醇浓郁的豆浆加水稀释，不少当地人也会早起去泉丰豆腐店买豆浆，为了健康营养，可偷懒不得。

已有三百多年历史的南屯老街，这些日常的生活风景，在豪宅林立、流行风格强烈的台中市自成一格，仿佛是一个与世无争的宁静国度。老街范围不大，由东西向南屯路与南北向万和路约两百米长的道路组成，其交叉点被称为"三角街仔"。这里步调缓慢，不像时下流行的观光老街，卖千篇一律的商品，开着刻意装潢的怀旧餐厅，还有各式小贩沿街叫卖。南屯老街反而保留许多当地特色，是个

八十多年历史的泉丰豆腐店，已是第二代在经营。

还在生活的老地方。

南屯老街被称为"台中第一街"，作家刘克襄形容它是台中的老城，台中第一条真正的老街。刘克襄认为旧城是一九一〇年之后，日据时期对台中火车站到台中公园这一带的城市规划，新城是一九九〇年代从中港路重划区扩散出来、将老城与旧城包围的新兴区域。

老城的开拓来自于绝佳的地理位置。南屯区位居彰化平原进入台中盆地的要冲，曾是平埔人的猎场，清康熙年间，许多福建移民搭船来到鹿港，再转乘小舢板沿大肚溪到犁头溪上岸，依水建聚落，逐步屯垦，渐渐聚集近三十家制造牛犁、锄头的农用打铁店，以满足大量的开垦需求，因此这里古名就贴切地叫犁头店街。此地又是彰化、丰原贸易往来的据点，从鹿港上岸的货物，得先运到犁头店街，再转送到丰原与台中各地，这个交通枢纽位置，让犁头店街形成台中最早的市街。

清代同治年间成立的林金生香，几乎就跟犁头店街一样老，创始人林旺生卖面条，第二代林阿涂做面龟与糕饼，被地方人称为面龟阿涂。第五代的宜勋指着日据时期的老地图对我说明这条老街当时的样貌，有供远行旅人雇用的轿店、客栈、杂货、面店、中药行、棉被店与剃头店，甚至还有鸦片烟馆。

古早小吃怀念好滋味

最早期的老店大都消失了，但是围绕着老街、市场，
因应地方生活保留的早餐与小吃，仍令我深深着迷。

在这里，光是早餐就有二三十家各式各样颇具历史的
店家，如果功夫不扎实，很难在老街讨生活。

最具老街古早味的，当数万和宫斜对面的阿有面店。
这家五十年的老店只卖阳春面、米粉与馄饨汤，小菜也只
有油豆腐、鱼丸与卤蛋。面店生意非常好，门口排大队，
店内的客人安静地埋头猛吃。我看到白头发、八十岁的阿
有婆婆进进出出搬着东西，媳妇则专心地煮面，那锅冒着
热气的肉臊，散发着旧时光的香气。阿有的阳春面放豆芽
菜、猪后腿肉制成的肉臊、油葱酥与韭菜，口感略油却不
腻，和用新鲜旗鱼浆手工制成的鱼丸搭配，是当地人补充
一天体力的好味道。

早上跟傍晚，面店都会出现许多穿衬衫与套装的上班
族，不少早上外出的上班族，下班后还会再来这里用餐，
甚至赶着七点关门前来吃面。朋友说这种老味道总是吃不
腻，即使搬离南屯，还是会常常回来找寻熟悉的味道。

老街附近的黎明路上，有一家大象早点，那里的蛋饼
是必吃的美味。蛋饼是老板半夜用面团擀出来的，只见他

🌸 阿有面店是南屯古早味
的代表。

先用猪油热锅，将面团压扁后现煎，再打颗蛋，裹上猪排或鸡排，气味香浓，口感像葱油饼般厚实有嚼劲儿。大象早点是当地人的称呼，因为店面立牌上只有一个大象图案，没有其他名字。我问老板，你就是大象吗？他说不是，大象是他的妹妹，因为妹妹微胖，绰号就是大象，开店时，朋友问店名要取什么？他想起爱吃的妹妹，就用妹妹的绰号当招牌了。

老街旁的南屯市场，也有不少美味小摊。市场外围附近几家卖爌肉饭的摊子，其中一家无名的小店，由几个姐妹合力经营，被地方人昵称为姐妹爌肉饭。中部的爌肉饭也被称为卤肉饭，但跟台北的卤肉饭不同，是一大块带皮的五花肥肉，以酱油、糖、调味料小火慢卤，淋上一点卤汁、摆上一些酸菜，简简单单。姐妹的爌肉很大块，处理得很有咬劲，厚厚的猪皮很细嫩，夹起肉来，皮肉还会抖动。姐妹的肉臊饭类似一般的卤肉饭，但不是带皮猪肉丁，而是很有口感的瘦肉丁。两种口味各有特色，分量都不多，宜各吃一碗，尝尝不同的风格滋味。

转进市场内，角落处有家四十年的富春肉圆。这是传统中部口味的油炸肉圆，用地瓜粉与米浆制成的外皮，包裹上猪后腿肉跟笋块，炸过的肉圆外皮不硬，反而ＱＱ有弹性，特别是淋在肉圆上的浓稠白色酱汁，香香甜甜，口感独特。我询问第二代、越南籍媳妇老板娘酱汁的做法，原来是用米浆、花生与糖调味，难怪不甜腻。再配上大块猪血、猪肠与酸菜的猪血汤，很有饱足感。闲聊时，老板娘富春现身，她每天早上五点起床现做肉圆，九点在市场营业，中午就卖完了，一天要卖掉近三百个肉圆。

这里还有两家越南妈妈开的越南小店，也是当地人推荐的好料理，许多妈妈买完菜，会在这里吃碗河粉或米线。一家娟越南小吃，每天都有当日特别餐点，他们已经很本土化了，还有猪脚河粉跟猪脚米线。我点了牛肉米线跟春卷，汤头颇鲜甜，春卷又大又饱满。娟越（一家娟越南小吃的简称）的隔壁也开了一家小店，我蛮喜欢吃她们做的越式法国面包。先将法国面包烤热，加入馅料，包括红白萝卜、越南火腿、烤肉、小黄瓜与香菜，再淋上卤肉汁，酥脆的面包内里吸饱肉汁香，一口咬下，各种蔬菜与猪肉的滋味就交融在面包里。

富春肉圆用米浆、花生与糖调味的酱汁很特别。

姐妹爌肉饭的大块猪肉很有咬劲。

市场里的越南法国面包，口感酥脆，内馅丰富。

苦中回甘的夏日乡愁

我一直惦记着这种苦甘滋味。
后来才知道南屯是麻芛的故乡，相对其他地方，仍在生产这种老味道。

🌸 麻芛地瓜汤

这些小吃的魅力，却抵不过一种让我寻觅多年的特别食物。多年前曾在台中第二市场吃到一碗黏黏稠稠、浮着几块红地瓜的绿叶汤，带点儿微苦却回甘，才知道这是传统台中人夏天的消暑食物麻芛（闽南语麻薏），只有在清明节到中秋节之间才售卖，错过了得再等一年才能尝到。我一直惦记着这种苦甘滋味，后来才知道南屯是麻芛的故乡，相对其他地方，南屯仍在生产这种老味道。

南屯市场里里外外都有婆婆卖自己种的麻芛，有的人会坐在路边贩卖刚刚采收的麻芛，也有人会将麻芛撕剥出嫩叶，熬成菜汤，放在塑料袋里卖。只要看到写着"麻薏上市"的小牌子，就知道夏天到了。

让我念念不忘的麻芛到底是什么？古籍上称草木初长的嫩芽叫"芛"，麻芛是过去农村常常见到、用来做麻袋、麻绳的原料黄麻，在还没长成粗大黄麻之前冒出的嫩芽。麻芛的闽南语发音是"麻薏"。犁头店街以制造牛犁、锄头闻名，相对也有对传统制造的麻绳与麻袋的需求，而南屯就是黄麻的重要产区之一。黄麻在农业社会也是生活必需品。长辈告诉我，以前抓猪用的绳子"猪脚步"，就是利用黄麻皮搓成粗绳索制成的，除了抓猪，麻绳还能挂猪肉。将黄麻剥去皮取下茎骨切成一节一节的，然后再对半剖开、晒干，就成了"屎篦"，也就是农业社会的卫生纸。

经济与生活需求，让黄麻曾有一段辉煌岁月。日据时期，因为倚重台湾米、糖的出口经济，也增加制造装米、糖的麻袋需求，一九一二年，日本人在丰原成立"台湾制麻株式会社"，被丰原人戏称为"布袋会社"，这个工厂曾是丰原、石冈、后里与潭子一带居民的生计来源。解放后，这家"布袋会社"转手交给民间经营，员工人数还曾高达一千五百人。直到一九八二年，塑料工业兴起，麻袋成本比不上塑料袋低廉，布袋会社只得黯然关门，麻袋制造业也跟着消失。

黄麻随着时代起起伏伏，唯一不变的就是人民与黄麻共存的艰辛岁月。当时的乐事，就是煮麻笋地瓜汤、麻笋泡饭当消暑的正餐与点心。从小喜欢吃麻笋，还常常去黄麻田偷摘麻笋的作家刘伯乐，他的妻子是台北人，嫁来中部，看他与母亲将麻笋汤吃得津津有味，却皱着眉头、食不下咽，还偷偷问："这个东西真的能吃吗？"刘

❀ 阿婆在路边卖自己种的麻笋。

何大哥采麻芛。

伯乐在《野地食堂》写了一篇"麻芛汤"，书里说此物除了味苦之外实在谈不上美味："似乎只有尝过苦生活，能吃苦的人，才懂得苦中求乐；也只有穷人才会把生活上的苦味，转化成饭桌上的美味。"

这种穷开心的滋味，却是现代人最奢求的美好时光。

清晨七点，我带着两个女儿，在南屯的麻芛田里游走。远方是台中七期的高楼豪宅，那里的天空已被大厦分割，这里却辽阔无际，万里晴空。我脚下踏的田土，黏滑而结实，微风吹来，快哉凉爽。女儿们开心地摘地瓜叶，我则跟着农夫何大哥采收麻笋，只见他带着镰刀进入高及肩膀、随风摇曳的绿田中，他说麻笋不能全部割除，需要留下现在高度的八分之一，这样阳光才照得到，而且还可以继续生长。他弯腰抓起麻笋根部，刀起刀落，没多久就抱了一大把麻笋。

　　阳光已经开始炙人，我们满身大汗，何大哥笑着说平常四点就要出门工作，今天算比较晚了。他指着后方的大肚山台地说山峰能够阻挡东北季风，土壤喝的是大甲溪水源里的水，天气越热，麻笋长得越快，一天可以长十公分，四十五天之后就可以采收。只是麻笋长得快，杂草也长得快，每天早晚都要除草，不勤劳，就没有好吃的麻笋。何大哥边整理麻笋边说，当气候渐渐转凉，叶子慢慢由小变大，由薄变厚，就越来越苦，越来越不好吃，麻笋会逐渐长成一根直挺挺的黄麻。

　　麻笋田旁边还种着韭菜、地瓜叶与秋葵，每天工作之余，还可以摘菜回家吃，何大哥喜欢这种传统生活。他很怀念小时候在田边玩水的日子，只是老家古厝被征收了，许多田地都盖了大楼，也只有在这里种麻笋才能让他维持劳动的习惯。

　　工作完毕，我抱女儿浸在田边小溪里冲脚，溪水冰凉过瘾，女儿们笑得开心极了。回程路上，经过古名知高坑的宝山小区，路边有个百年的圳水涌泉洗衣窟，两个妇女一面以木棒捣衣或用手搓揉，一面又能闲话家常。我的女儿们兴味盎然地观看着她们的工作，尽管马路上车子来去快速，这里的生活节奏却悠然自得。

　　只有在南屯，才保有这种古意。但是现在的麻笋不苦了，一九五七年台中农业试验场将黄麻品种改良为"台中特一号"，原本的苦麻变成甜麻，黄麻枝干如果是青色的，就是甜麻，红骨的则是传统的苦麻。我们在何大哥田里采收的，是要供应给林金生香的红骨苦麻，阿妈说，他们习惯吃苦麻，因为吃苦吃习惯了。

　　在南屯虽然有卖麻笋汤的，但是味道不够浓，太白粉勾芡太多，真正好喝的麻笋汤，其实都在寻常人家的餐桌上。回到经营林金生香、位在老街中南米麸店附近的宜勋家，顶着艳星美容院发型的阿妈正在处理我们刚刚带回来的麻笋，她用食指与拇指撕去叶茎叶脉，留下嫩叶，处理过程费工且需要耐心。我在一旁帮忙却笨手笨脚，阿妈笑着说，她从小就开始处理麻芛，耐心都是磨出来的。

我们从田里摘下的一大把麻芛，处理完只剩一包嫩叶。接着阿妈将嫩叶放在洗衣袋中，用洗衣板不断搓揉，破坏叶片纤维，让嫩叶变得黏稠，再用大量清水洗去苦味。绿色汁液不断排出，十五分钟后才大功告成。看着辛苦采收的成果经过细心拔撕，用力揉洗，只能煮出一小锅，可以想见以前贫苦生活的点点滴滴，真的是地地道道的穷人滋味。

阿妈将这袋嫩叶加入已熬煮熟透的地瓜块，一起放入锅中，以大火续煮二十分钟，按顺时针方向边搅动、边捞除泡沫，没多久，就可以闻到麻芛的独特清香。起锅前加入调味料、一点儿太白粉增加浓稠度，就是我期待多年的麻芛地瓜汤了。

林家的餐桌可是麻芛三吃，热的麻芛地瓜汤、淋在饭上的麻芛泡饭，还有一种独特的吃法，就是等麻芛静置放凉后再放入冰箱冰镇后的麻芛地瓜冷汤。冷汤冰冰凉凉，更有消暑风味。

✿ 麻芛地瓜泡饭

林家的麻芛汤果真特别清苦，不像一般市面上寻常可见的淡淡滋味。面临老品牌转型的林金生香也在不断地尝试创新。市场对糕饼需求越来越少，像面龟以前客人一次订三十斤、一百斤，现在一次却只订六个。要如何凸显地方特色，创造自己的价值，宜勋的母亲、第四代的富美就以麻芛为食材，研发了加入麻芛的太阳饼、状元糕、包子与馒头，因为用甜麻吃不出麻芛原本微苦的味道，她们就改用苦麻，以麻芛的苦香去调和糕饼的甜味，反而有种特有的清新。

　　与其说南屯与时髦的台中格格不入，不如说南屯人多少有点儿像黄麻不随波逐流的硬个性，黄麻砍下后得抽皮、浸水变软，再刮去外皮，才能变成质地坚硬有韧性且耐磨又耐拉的麻绳与麻袋。南屯老街跟柔嫩的麻芛或坚强的黄麻一样，都有一颗素直之心，挺拔地生长着。

　　唐朝诗人孟浩然写道："开轩面场圃，把酒话桑麻。"好一幅田园景观。南屯是另一种城市的田园风景，平平淡淡，却亲近喜人。没有酒，就喝碗麻芛汤享受夏天吧！

如果你想品尝南屯人的餐桌

❀ 林金生香 可预约南屯老街导览与糕饼 DIY 体验
　　台中市南屯区万和路一段 59 号（品牌店）(04)23899857

❀ 阿有面店 台中市南屯区万和路一段 70 号

❀ 中南米麸店 台中市南屯区南屯路二段 670 号

❀ 庆隆犁头店 台中市南屯区南屯路二段 529 号

❀ 金桃汤 台中市南屯区南屯路二段 555 号

❀ 大象早餐店 台中市南屯区黎明路一段 1009 号 (04)23890456

❀ 南屯市场 台中市南屯区南屯路二段 595 号
　　可品尝姐妹爌肉饭、富春肉圆、越南河粉及法国面包等美味小吃

三貂湾的海之味

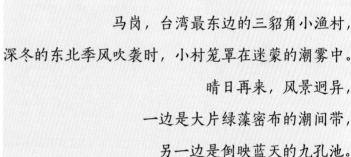

马岗，台湾最东边的三貂角小渔村，

深冬的东北季风吹袭时，小村笼罩在迷蒙的潮雾中。

晴日再来，风景迥异，

一边是大片绿藻密布的潮间带，

另一边是倒映蓝天的九孔池。

浪花在岩上翻腾，潮水涌进笔直入海的九孔池，

我沿着池中小道前行，

突然间，水中冒出一个人头，吓我一跳。

这个穿黑色潜水衣的人，

右手抓着一只鲜红色有着排列整齐的白色吸盘、

八爪不断舞动的章鱼，

朝我游来，将章鱼放在池边。

章鱼灰褐色的身体开始蠕动，

黄色的凸眼看起来像异形外星人。

马岗，九孔的海潮味

整个东北角沿岸有不少座九孔池，其中以马岗最密集，
每年中秋节之后，天气转凉，一直到来年二月，都是九孔丰产的时刻。

另外两个潜水员也浮出水面，原来他们刚刚正在池里采九孔。现在是上午十一点半用餐时间，工作人员会拉扯黄色的氧气管，提醒潜水员时间到了，要出来透透气、吃饭休息半小时。三个潜水员坐在池边休息，用手抹去脸上的水珠，整理一下仪容，倒出雨鞋里的水，接着先喝一碗热汤，暖暖身体，再抽烟聊天，最后拿起便当狼吞虎咽，蹲在一旁的阿桑开始整理冲洗他们拿上来的九孔。

九孔池的主人要招待我吃烤九孔。我先尝了一个生九孔，脆脆的很有嚼劲儿，带着海水的咸味，甘甜、没有腥味。我们边聊边烤九孔，看着九孔开始慢慢变成焦黄色，周围的汁液冒泡沸腾，外壳逐渐焦黑，咬着烫舌的九孔，烧炙后味道更好，海水的滋味配上香气四溢的九孔，比生吃更香更甜。

休息半小时后，潜水员又戴上蛙镜，带好装备，接上黄色的氧气管，将塑料筐丢入池中，一个一个跳下池子继续工作。

这是一个孤独又特殊的工作，整个东北角沿岸有不少

以采集九孔为业的潜水员。

烤九孔

座九孔池，其中以马岗最密集，东北角有近三十名以采集九孔为业的潜水员，时薪五百元，每天工作六小时，而且拿现金，赶工时还有加班费，收入算优渥。每年中秋节之后，天气转凉，一直到来年二月，就是九孔盛产的时刻。潜水员工作时，腰间要绑着石头浮在水中，用水中吸尘器清理池子里的粪便与泥沙，再翻开层层叠叠的特制石块，捡出藏在其中的九孔。水中很安静，会忘记时间，夏天很清凉，冬天虽寒冷，但水下温度比气温高，仍有温暖的感觉。有时闷了烦了，他们还会浮出水面，打开绑在池边的香烟盒抽根烟。

潜水员说，在池子里工作很忙，要去翻找九孔，全神贯注，很难想事情，但下班后可以去兜风，找朋友聊天，生活自由自在。他们的工作地点从一个池子换到另一个池子，像是另一种游牧的海人。那只不小心顺着潮水流进池里的章鱼，也许会成为他们下班后供五脏庙的祭品。

✿ 两位婆婆在九孔池附近散步。

从日据时期开始，这里的居民就以捕捞九孔为业。大只的九孔直接用扁担挑往贡寮车站，搭火车到基隆崁仔顶鱼市出售，小只的九孔就在海边挖沟豢养着。整个渔村都是用山里的石头搭成的石头屋，挡风石墙与人一样高，盖得又宽又厚又扎实。我在村内钻来钻去，遇到两个老婆婆，脸上布满风霜与岁月痕迹，跟村里的石头屋一样。她们没睡午觉，刚吃完饭，我陪她们散步到九孔池附近，孩子、孙子都在台北、宜兰工作与生活，只剩她们守着家园，以前都是去海边采海菜、捡各种贝类与野生九孔，生活跟海很密切，现在只能绕着村里走走，看看海，听听浪声。

我走在退潮的潮间带，到处都是湿滑的绿藻，坑洞中有许多灵动的小鱼苗，远处有人站在岩石上钓鱼，潮声忽近忽远，这片看似空寂的土地，却蕴藏着许多秘密。这里位于三貂角，东北角最突出的地方，也是雪山山脉向海延伸、与海最贴近的接触点，被海水与冷风雕塑成一片海蚀平台，环境极端起伏，冷热交替，又干又

马岗与卯澳保存着许多石头屋。

村民在整理九孔。

湿，却生长着蛮柔软的石莼绿藻。这些无根的小生物利用潮水起伏之力，攀上土地，扩张生命。

这一大片海蚀平台，有不少区域被东北角的贡寮居民改成九孔池，以海水滋养九孔，成为贡寮的重要产业，一个池子从五百到一千坪那么辽阔，也是台湾少数以天然野放方式养殖的九孔，像放山鸡一样，其他地方的九孔都是箱网养殖，即使所需空间小，效益高，但口感松软宛如饲料鸡。

生命孕育更多生命，有人说绿藻是海上的秧田，除了是喂养九孔的饲料，更是各种生物的养分。躲在岩石缝中的海兔，利用潮水带来的滋养，匍匐前进大啃绿藻；钓客最喜欢的黑毛，在冬天浪大时，在近海吃着被海浪打碎的绿藻，让肉质更弹性肥美。长期在此地潜水观察的生态观察家陈杨文，喜欢在冬天来此观察潮间带生态，探索海洋与陆地的秘密，他在《一个潮池的秘密》中写道："冬天的海边绝不苍凉，苍凉的是人心与想法。"

造山运动的激情，让三貂角像一只从雪山山脉延伸出去、轻抚大海的手掌，隐没入海，成为戍守大海的暗礁卫士。南方的黑潮在外海与中国近海洋流交会激荡，让这个区域充满异质生机。

❋ 三貂角的海蚀平台。

卯澳，大海的聚宝盆

海面上都是小船。
前几天乌鱼群才经过此处，在好天气里浮上水面晒太阳，
盛大的鱼群日光浴，像是在海面跳舞一般。

三貂角另一端的卯澳小渔村，像个藏有珍宝的囊袋，牵引大海进来探索。从山脉蜿蜒而下的三条溪流——猪灶溪、坑溪与榕树溪，有如土地的脐带，跟海洋交换山里的秘密。从山上往下眺望，三条溪流有如"卯"字，潺潺入海，加上湾澳如凹袋，被称为卯澳。马岗的地名，也是因为卯澳山脉延伸到此形成高岗地形，叫作"卯岗"，后来才改名马岗。

湾澳与暗礁如迷宫，海雾茫茫，常让船只迷途、遇难，于是在日据时期兴建了三貂角灯塔，以光亮指引暗夜迷途。这个特殊地形，却是鱼群的乐园，暗礁易躲藏，外海是急流，转入湾澳就成缓流，有如母亲温暖的臂弯，能阻挡狂风暴雨。过去常常有鲸鱼游入卯澳湾，甚至鱼群为了躲避鲸鱼躲进此处，被形容为"塞爆整个小湾"，作家刘克襄就曾形容卯澳是个鲸鱼小村。

我跟地方朋友搭舢舨出海，今日风平浪静，回首望去，满山绿意与石头屋渐离渐远，离开了被形容是捕鱼聚宝盆的卯澳湾，进入从鼻头角到三貂角一带的辽阔大湾——三貂湾。海面都是小船。前几天乌鱼群才经过此处，在好天气里浮上水面晒太阳，盛大的鱼群日光浴，像是在海面跳舞一般。渔民互相通报后，都来此地捕乌鱼，一次就能捕到一千多斤，上千万元现金马上入袋，甚至连报信、指出具体地点的人，都可以分到五分之一的利润。

今天遇不到捕乌鱼的盛大场面，一大群小舢舨静静泊在如镜海上，拿着钓竿看

似悠闲，实则得随时注意软丝，雀鲷、剥皮鱼或象鱼可能会上钩，或是偷吃饵料。我装好虾饵，将钓线垂入海中，才一会儿钓竿就激烈地振动起来，我赶紧卷线往上拉，一只象鱼就脱离水面。有时才刚放下钓线，精灵的鱼儿就一下子吃完饵，逃之夭夭。钓了一小时，几个朋友都各有斩获。朋友说，风平浪静就是渔民赚钱的时候，通常一天一两万，一周可赚十多万。他不忘调侃我们，天气这么好，应该让你们吐一下的。十七岁就开始抓鱼的他，笑着说其实有时候还是会晕船的。

我在舢舨上环视晴空下的三貂湾，思绪仿佛回转到十七世纪，想象着当时西班牙人发现这个大湾时的感受。公元一五四三年，西班牙船队在美国加州圣地亚哥Point Loma 上岸，这个面向太平洋的半月形海湾，名为 Bay of San Diego，San Diego（圣地亚哥）就是被称为加州之始的城镇。八十年后，公元一六二四年，荷兰人占领台南，建立东亚贸易基地，一六二六年，在荷兰人的竞争压力下，西班牙为了挽回失去的贸易地位，决定占领北台湾。他们派遣两艘多桨大帆船，十二艘舢舨船队护航，从菲律宾出发，沿着台湾东岸航行。他们来到东北角，停泊在这个大湾里，测量纬度描绘地形之后，称此地为 Santiago，此湾为 Bay of Santiago，隔天进入基隆湾，并在和平岛建立要塞。此后，移民来此的汉族人称这里为三朝、山朝或是三貂角，一直到新中国成立，三貂角的区域名才逐渐消失，成为灯塔的所在地。

大航海时代，西班牙航海家在世界各地，例如古巴、智利与多美尼加共和国建立了众多的 Santiago，它们现在都成为历史大城，承载着探索大海的冒险灵魂，只有太平洋彼端的三貂角卯澳、马岗，仍是平凡质朴、渐被世人遗忘的小渔村。如果美国的圣地亚哥是加州之始，那么三貂角会不会也是西班牙人心目中的台湾乃至亚洲之始？潮起潮落，海浪争相奋起，继以叹息退去，涌动不歇的黑潮依旧在三貂湾外疾走。也许，凋零的卯澳，仍像海明威《老人与海》笔下的古巴老人 Santiago，始终维持着面向大海的海人精神。

走在卯澳渔村里，围绕在港边四周的石头屋，几乎空无一人。一些种菜的小院

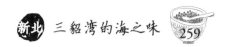

子偶尔传来电视新闻的声响，沿着榕树成荫的榕树溪上行，一些人去楼空的房子都已倾颓，只剩茂盛的杂草咀嚼着生命的况味。很难想象，除了腹地广大的澳底渔港之外，这里曾是东北角第二大渔村，日据时期在此地成立的"卯澳渔业组"，是东北角规模庞大的渔业组织。

一九二四年宜兰线铁路通车，在贡寮与福隆设站以便让卯澳渔获能更便利地运送出去。每天早上，码头上挤满了船舶，卸下丰富渔获后，附近有工厂每天煮鱼，再将渔获用扁担挑到贡寮或福隆，搭火车去基隆贩卖。这里成为东北角贸易重镇，被称为三貂湾的金库，这里不只有钱庄，更汇聚了撞球间（台球馆）、豆腐店、饮食店、米店、冰店与杂货店，甚至还有酒家。"等于把鱼养在水池里，要捞多少有

乘舢舨在三貂湾钓鱼。

多少。龙虾很多，脚一伸出去，它就会来咬你。"卯澳的朋友回忆当时荣景。

直到一九七九年北部滨海公路通车，那时不是把人吸引进来，反而是把青壮年人送出去，这使几个小渔村逐渐没落。现在村子里人烟稀少，年轻人出外打拼，只剩老人与小孩守着家园，成为老人村、孩子厝。朋友说，现在海上渔火比岸上灯火还多，这里仍是热闹之地。隆冬季节，绿藻柔嫩，黑毛肉质最鲜美，一个阿伯专门钓黑毛，三个月内钓到的黑毛（一种非常味道鲜美的海鱼），卖给福隆的海产店，可以赚十多万元。如果是大龙虾，每只均可卖到八百元。

原味软丝，清蒸黑毛

如果要一饱海鲜口福，得去福隆与澳底，
因为新鲜渔获都集中送往这两个人潮较多的聚落。

夏天，"贡寮三宝"九孔、鲍鱼与马粪海胆正当令，午后，我在卯澳就遇到了一对老夫妇在剥海胆。他们早上出海潜水，用铁钩采海胆，上岸后，再请当地阿妈帮忙处理，先用菜刀剖半剥壳，再以铁汤匙柄挑出黄色海胆肉，洗净后集中在锅子里。剥下的壳就拿到田里施肥，是非常好的肥料。海胆价格也不错，未剥壳的零售，一颗四十到八十元，经过处理的海胆，收购价每斤的均价六百元到七百五十元。

除了吃海胆，石花菜也当令，只要有平地，村民就会晒石花，像黄地毯一样点缀着地面。本名红藻的石花，得经过六晒六洗才能去除杂质，变成米黄色的藻体，

采回的海胆需经剥壳、挑肉、洗净等处理，才能品尝到它鲜嫩诱人的甜味。（蔡仲席提供）

正在曝晒的石花菜，像为地面铺上亮丽的黄地毯。

属于甲壳动物的藤壶，也是当地一种可食用的"海味"。

加水慢煮后，放凉加蜜或黑糖，就是最天然的消暑点心。有天晚上，遇到几个村民蹲在地上用锤子敲一种模样特殊的贝壳，一问才知道原来是甲壳类的藤壶。他们把藤壶从外海礁岩上挖下来，用水煮过后，敲开贝壳就可以挖肉吃。我也蹲下来如法泡制，藤壶白白的肉很鲜甜，朋友形容，比蚵仔、鸡肉还好吃，大家乘着凉喝着啤酒，很惬意。

有一次住在卯澳的民宿，那天风大雨大，几乎走不出大门。隔天一早，民宿主人林大哥煎竹筴鱼给我们当早餐，只用盐巴调味，就能凸显出鱼的鲜美，他还用宜兰龟山岛的樱花虾做成樱花虾油饭，一早吃到这么简单又丰盛的料理，心情也开朗起来。林大哥原本是台北来的钓客，常常来此地钓鱼，为了找地方休息，就买了一间倒塌的石头屋，改建成民宿。他以前都是去福隆买便当，吃久了也腻了，于是将钓到的鱼煮成鱼汤，间或也尝试其他不同的做法。开了民宿后，他考了厨师执照，还成为了一名私厨，为客人料理餐点。

🌸 煎竹筴鱼

我看到他的笔记本记录了满满的食谱，还有不少钓鱼的剪报。他说三貂角北端、卯澳外海有个卯澳流巷，这是一条海沟，加上周围暗礁林立，海底坡度起伏很大，海浪会在沟上翻滚，正适合大鱼藏匿与猎食，成为渔民口中的"粗濑"。他记得过去曾有人钓到五十斤重的大红鮸，还有九十一斤重的鲈滑石斑，这里的大鱼数量居于全台之冠，只是现在能钓到三十斤就不得了了。

如果要一饱海鲜口福，得去福隆与澳底，因为新鲜渔获都集中送往这两个人潮较多的聚落。例如福隆东兴宫附近的富士海鲜，是卯澳渔民专门供应矶钓与龙虾的老牌餐厅，店面不大，但都采用最新鲜的海产作为食材。我在厨房看到老板娘正在清

🌸 樱花虾油饭

❀海胆煎蛋　　　❀红烧醋鳗　　　❀刚捕获的新鲜龙虾　　　❀软丝

洗软丝（一种美味的海鲜），她挖出囊袋，用剪刀剪开身体，用热水氽烫，直到软丝的身体从透明变成乳白色，再放上五味酱，就是最简单的原味软丝。刚钓到的黑毛，用葱姜丝清蒸，吃鱼肉的鲜甜味，再用鱼油拌饭，这尾黑毛一下子就被众人吃光。刚刚捕到的大龙虾，先切块，再用蚝油将蒜苗爆香，淋在龙虾上，清蒸之后的肉质像豆腐一样滑嫩。桶子里有一条大大的鲥鱼，老板娘切块之后，只加入盐巴与葱煮成鱼汤，汤头很甘甜，鱼肉也维持了软嫩的口感。简单的烹调，就能吃到三貂湾的新鲜海味。

澳底巷内有一家新港海鲜，他们的酥炸中卷与红烧醋鳗，则是另一种酥脆的口感，清蒸的五味九孔，味道跟我在马岗吃到的烤九孔又有不同，口感稍软。新港还有一道马粪海胆煎蛋，外表看似是一般的煎蛋，但一咬下去，软软的海胆就流泻出来，带着一股大海的清香，让我想起在卯澳，坐在小板凳上，细心清理海胆的阿伯阿妈们。

澳底街上有一家当地人喜爱的价廉味美小店——龙门小栈，他们清早五点就去鱼市采买渔获，今天有鲭鱼（花飞）与石狗公（白斑菖鲉），我们点了当地口味的油爆小卷、石狗公汤、煎鲭鱼与三杯九孔。油爆小卷是用麻油与葱蒜姜丝去爆香，再将小卷放在锅中以大火煎炒，加点辣椒提味，起锅之后，表皮酥酥脆脆的，滋味很甜美。三杯九孔口味很重，适合配啤酒，煎过的鲭鱼酥酥焦焦的，蘸点儿胡椒盐，也很下饭。四月正是石狗公的季节，盐、葱与姜丝的简单调味，就让这道鱼汤清甜爽口。朋友提到她的亲戚眼睛很大像铜铃，嘴巴也很大，长得就像石狗公，大家私下都叫她石狗公仔。我们边喝边笑，不禁想起石狗公小小的身躯，大眼与阔嘴的滑稽样。

上：油爆小卷
下：石狗公鲜鱼汤

野径梯田外，冬耕土脉翻

我来到贡寮深山处的内寮，这里离贡寮车站约八千米，处处是梯田遗迹，
从海边来到山径，仿佛是另外一个国度。

龙门沙滩

走在龙门细软的金色沙滩，沙滩上躺着许多孤单的漂流木，也许是从附近山上、或被花东海浪簇拥来此。沙滩上还摆放着三十多个用圆弧钢管与纱网制成的三角网，这是渔民利用黑夜在海上捞鳗苗的器具，这些无人看管的三角网，远望像是一个个帐篷，又像是乘风飞翔的飞行器。

双溪河在入海口处冲积成沙滩，向外是澎湃的大海，朝内是静静的河流，一动一静，象征着这个区域的特质。这里是一八九五年日军征台的登陆据

点，日本沿着基隆港南下，找寻合适的登陆点，整个东北角岬湾曲折，暗礁险恶，只有此处适合舰队停泊上岸。他们上岸后直入三貂岭，一路进攻到基隆，最后进入台北城。

也许西班人也曾经在此上岸踏勘，再溯及千年前，整个三貂湾，从鼻头角、和美、澳底、福隆、卯澳到马岗，都是航海民族凯达格兰人的活动范围。龙门古称三貂社，相传是凯达格兰人从外海来台登陆的地点，他们沿着双溪河（古称三貂溪）建立聚落，在海边捕鱼，在山上打猎、开垦梯田，古称杠仔寮的贡寮在凯达格兰语中就是"猎捕山猪的陷阱"之意。

龙门也是凯达格兰人北上到基隆、台北平原的根据地，相传噶玛兰人也是从龙门南下到宜兰开垦的，两个平埔群族也是在此分流。从黑潮与大陆近海洋流的交汇，菲律宾海板块与欧亚大陆板块的撞击，雪山与太平洋的接触，一直到各个族群的汇聚，呈现了这个区域多元化的特质。

我来到贡寮深山处的内寮，这里离贡寮车站约八千米，处处是梯田遗迹，从海边来到山径，仿佛是另外一个国度。以前对外交通不便，贡寮人除了渔捞，在山上狩猎，更需要稻作才能维持生计。不只卯澳后山以前是梯田，整个贡寮山区都遍布梯田，尽管一年才一收，却是北台湾的重要粮仓。

我走入吉林里的百年老厝萧家庄，他们是少数仍在耕作梯田的家族，庄里没人，也许都外出工作了。我在一个石头屋看到一头水牛，屋里面堆满了稻草，原来这是它们的家。它静静地凝视我，旁边跟着一头正在吃草的小牛。后来我去了放牧水牛、古称大牛埔的桃

源谷，这里是草岭古道，贡寮与宜兰的交界处，五百米高的山棱线，都是缓坡大草原，数十头牛三三两两地吃着草，或卧或站，看到一大群卸甲归隐的水牛俯瞰太平洋，真是令人兴奋。

　　尽管内寮的梯田几乎都已荒芜，却能遥想当年农人的勤奋。充满大地的生命感，让我想起在日本东北新潟县的旅行，在山里跑步时，一畦一畦依山势而绕的梯田，还有弯腰工作的孤独农人，那人那山那田，让我充满敬意。在内寮溪、远望坑溪与石壁坑溪等山溪汇聚的双溪河流域，溪流穿过的山谷中就散落了不少梯田。

❁ 梯田状似山中湖泊。

　　《水梯田！贡寮山村的故事》这本书翔实地记录了贡寮梯田复耕的故事。在顺应地形与讲求效率之间，贡寮梯田百年来维持着人力手工与牛耕，保持了自然环境的原始风貌，水梯田的湿地生态，也带来丰富多样的生物资源。从山脉、湿地、溪流到海洋，彼此顺畅地连接，才能让人与环境和谐共处。

　　从高山梯田蜿蜒而下，来到双溪河下游，贡寮与福隆车站之间是田寮洋湿地。这个两百公顷的低洼谷地，名字很有意思，有田有寮有洋。因为双溪河在此大幅度迂回形成了一块泛滥平原，成就了水田与旱地，沼泽与池塘错落分布的奇观，这里不只是贡寮重要的稻作区域和交通枢纽，还是高处有老鹰盘旋，地上有两百多种候鸟栖息的知名生态湿地区域。

　　一大早，已有两个农人在偌大的水田里操作插秧机，农人的孩子用小推车在小径上来回搬运秧苗，好几个赏鸟人在此出没，整个区域宁静如一幅山水画。一个七十多岁的阿伯挂着拐杖来巡田水，对我们指指点点他的田地。朋友说这一大块区域有许多休耕的农田，一个农友闲不住，也不舍得土地荒芜，自己就揽下了工作，将附近的农田一并管理起来。

　　沿着小径来到一块旱田，从台湾铁路管理局退休的杨大哥正在用机器整理田土，准备种花生，他太太则在一旁照顾山药田，杨大哥九十岁高龄的父亲杨同枝，正用锄头锄地，他也要种花生。杨老先生坚持用锄头，不用机器帮忙，他穿着白衬衫，白雨鞋，精神抖擞。年轻时曾到金瓜石当矿工挖黄金的他，也曾在海边抓鱼，现在每天种

田寮洋插秧的农人。

❀ 邱阿妈正在晒酸菜。

田，反而有个依托。

记得曾从《贡寮乡志》看到日据时期基隆诗人周植夫写的《冬日过贡寮遇雨同作梅》，当中诗句很贴合我在内寮与田寮洋的感受："野径梯田外，冬耕土脉翻，雨声来树杪，云气积山根。"

我在台北的弯腰市集遇到过一位摆摊卖贡寮野菜、稻米的朋友春蓉，她的摊位写着"贡寮自然最贵"，当时我心想贡寮怎么会有野菜，甚至还有稻米？后来我在卯澳又巧遇春蓉，那天雨下得很大，她用大白菜与烟仔虎（鲣鱼的一种，可做成柴鱼）煮鱼头汤给我喝，烟仔虎的胃像牛筋一样 Q Q 的很有嚼劲，还有一道贡寮蔬包，用国内的叶面包田寮洋的稻米，以及阿妈的腌萝卜，口感酥脆清爽。春蓉提到田寮洋附近有位邱姓人家的菜园，除了时令蔬菜，还有特别的野菜——角菜。我想起亲子与美食作家番红花在她的《厨房小情歌》写到，春蓉卖的菜，是蔓生在田畦边或潮湿地的野菜，又叫鸭掌艾，客家人称为甜菜，闽南人称为珍珠菜，"角菜带给舌尖上天然的甘甜，芬芳难忘。"

实在好奇那种滋味，春蓉带我走小径来到邱阿妈的家，她正在晒萝卜干与酸菜，空气中弥漫着一股浓郁的腌渍香气。阿妈带我们走进菜园，那里看似零乱没整理，却乱中有序，我们除了采菠菜、青江菜与葱之外，还摘了角菜、龙葵与山芹菜这些野菜。离开邱阿妈的家，又遇到刚从田里回来的杨同枝阿公，他拿红菜给我们，还塞了几个大萝卜。

回程经过贡寮车站，春蓉怕我饿了，推荐了车站对面的阿生便当给我。这是当地人最喜爱的贡寮便当，有三层肉、两片瘦肉、油豆腐、鸡卷、卤蛋、香肠、高丽菜与酸菜，满满一大盒，食材很丰富。春蓉说，阿生的酸菜都是请当地妈妈制作的，用海水浸泡腌制，非常天然。我看地上的米袋，产地竟来自花东，低廉的价格，却是高质量的享受，着实令人意外。阿生每天早上八点就营业了，以前更早，六点半就开卖，因为学生搭火车前都会来买阿生便当当早餐。

❀带着淡淡甜味的角菜。

❀贡寮当地人最爱的阿生便当。

❀阿生在厨房里忙碌着。

　　我在现场吃完一个便当，又包了一个便当外带，准备晚上配角菜吃。角菜只要烫一下就可以吃了，口感很像空心菜，却带着淡淡的甜味，配上阿生便当的三层肉与酸菜，越吃越饿，真是后悔怎么没再多买一个便当。

　　隔天一早，我跟长期在贡寮推动反核与环保运动的春蓉，一起参观了位于龙门附近的核四厂。在接待中心听完冗长的简报再进入戒备森严的核四厂参观，我认为这个充满各种工业线条的发电厂在停止运作之后，很适合改成能源美术馆，它空间很大，可以呈现出许多特别的艺术展览。中午回到接待中心，每个人桌上都摆着一个阿生便当。我边吃便当边听台湾电力主管答复参观人士提出的各种疑问，现场气氛凝重，只见他身旁的秘书，一直低头猛吃便当，仿佛置身事外，只有吃饭最重要。

　　至少，美味的阿生便当是我们的共识。

如果你想品尝贡寮人的餐桌

- 龙门小栈 新北市贡寮区仁里里仁和路 23 号 (02)24903787
- 新港海鲜 新北市贡寮区真理里新港街 60 号 (02)24901061
- 富士海鲜 新北市贡寮区福隆里东兴街 8 号 (02)24991001
- 卯澳百美民宿 新北市贡寮区福连里福兴街 6 号 (02)24991157
- 阿生便当 新北市贡寮区朝阳街 76 号 (02)24941023
- 吴春蓉的"贡寮，自然最贵"弯腰农夫市集
  每月第三个周日，在台北政大公企中心摆摊
  地址：台北市金华街 187 号 联络吴春蓉：tncca.tw@gmail.com

图书在版编目（CIP）数据

　　时光的甬道 : 12个小地方的人类学饮食笔记 / 洪震
宇著． — 北京 : 中央广播电视大学出版社，2016.11
　　ISBN 978-7-304-08045-7

　　Ⅰ．①时… Ⅱ．①洪… Ⅲ．①饮食－文化－中国－文
集 Ⅳ．① TS971.2-53

　　中国版本图书馆 CIP 数据核字（2016）第 202323 号

版权所有，翻印必究。

原著作名：《风土餐桌小旅行》

原出版社：远流出版事业股份有限公司

作者：洪震宇

版权登记号：01-2016-4408

时光的甬道 : 12个小地方的人类学饮食笔记
SHIGUANG DE YONGDAO : 12 GE XIAODIFANG DE RENLEIXUE YINSHI BIJI
洪震宇　著

出版·发行：中央广播电视大学出版社
电话：营销中心 010-66490011　　　　　总编室 010-68182524
网址：http://www.crtvup.com.cn
地址：北京市海淀区西四环中路 45 号　　　**邮编：**100039
经销：新华书店北京发行所

策划统筹：郑　毅　　　　　　　　**责任编辑：**李　刚
策划编辑：赵　铮　　　　　　　　**责任印制：**赵连生

印刷：北京市雅迪彩色印刷有限公司
版本：2016 年 11 月第 1 版　　　　　2016 年 11 月第 1 次印刷
开本：170mm×220mm
　　　　　　　　　　　　　　　印张：17.5　**字数：**300 千字

书号：ISBN 978-7-304-08045-7
定价：42.00 元

（如有缺页或倒装，本社负责退换）